装备科技译著出版基金

自润滑材料摩擦学及应用
Tribology and Applications of Self-Lubricating Materials

[美] Emad Omrani
Pradeep K. Rohatgi 著
Pradeep L. Menezes

应丽霞　聂重阳　古　乐　译

国防工业出版社

·北京·

著作权合同登记　图字：军-2019-026号

图书在版编目(CIP)数据

自润滑材料摩擦学及应用/(美)伊马德·奥姆拉尼(Emad Omrani)，(美)普拉蒂普·K.罗哈吉(Pradeep K. Rohatgi)，(美)普拉蒂普·L.梅内塞斯(Pradeep L. Menezes)著；应丽霞，聂重阳，古乐译.
—北京：国防工业出版社，2021.1
书名原文：Tribology and Applications of Self-lubricating Materials
ISBN 978-7-118-12211-4

Ⅰ.①自… Ⅱ.①伊…②普…③普…④应…⑤聂…⑥古… Ⅲ.①自润滑材料-摩擦-研究 Ⅳ.①TB390.3

中国版本图书馆 CIP 数据核字(2020)第 231204 号

ⓒ2017 by Taylor & Francis Group，LLC. CRC Press is an imprint of Taylor & Francis Group，an Informal business.
Tribology and Applications of Self-Lubricating Materials
by Emad Omrani Pradeep K. Rohatgi Pradeep L. Menezes
ISBN 978-1-4987-6848-1

Authorized translation from English language edition published by CRC Press，part of Taylor & Francis Group LLC；All rights reserved.
本书原版由 Taylor & Francis 出版集团旗下，CRC 出版公司出版，并经其授权翻译出版。
版权所有，侵权必究。
National Defense Industry Press is authorized to publish and distribute exclusively the Chinese (Simplified Characters) language edition. This edition is authorized for sale throughout Mainland of China. No part of the publication may be reproduced or distributed by any means，or stored in a database or retrieval system，without the prior written permission of the publisher.
本书中文简体翻译版经授权由国防工业出版社独家出版，并限在中国大陆地区销售。未经出版者书面许可，不得以任何方式复制或发行本书的任何部分。

※

*国防工业出版社*出版发行
(北京市海淀区紫竹院南路23号　邮政编码100048)
三河市腾飞印务有限公司印刷
新华书店经售

*

开本 710×1000　1/16　插页 4　印张 12¼　字数 216 千字
2021年1月第1版第1次印刷　印数 1—1500 册　定价 89.00 元

(本书如有印装错误，我社负责调换)

国防书店：(010)88540777　　书店传真：(010)88540776
发行业务：(010)88540717　　发行传真：(010)88540762

前　言

自润滑材料是现代工程材料的一个重要组成部分,因具有一系列独特的综合性能,使其在摩擦学和机械领域占据了重要地位。在汽车、航空航天和船舶等领域,自润滑材料正在逐步取代传统材料。自润滑材料的润滑机理十分复杂,涉及材料摩擦学特性和诸多学科领域的知识。认识和掌握自润滑材料机理的关键是,在考虑材料力学性能的基础上,深刻理解材料中具有不同润滑机理的各组分间的相容性。事实上,自润滑材料的功能取决于力学性能与润滑机理的选择与兼顾。

本书系统而深入地阐述了自润滑材料的工程设计问题,涵盖了金属基、聚合物基和陶瓷基等各种类型的自润滑复合材料,介绍了多种复合材料在各类工程应用中的发展历程及其特定环境下的润滑机理。需要指出的是,在自润滑材料领域的研究中,复合材料与润滑剂的相容性十分重要,能够极大地促进各种自润滑材料的发展。同时,由于自润滑材料具有良好的功能性和适用性,进而扩展了各种自润滑机理的研究。为使读者更好地理解自润滑材料,并能够更广泛地使用此类材料,本书还详细给出了一些典型自润滑复合材料在具体工程领域中的应用实例。

第1章介绍了促进自润滑材料发展的工程技术和摩擦学方面的内容。在新型自润滑材料的发展过程中,固体润滑剂、粉末冶金和膜层技术起到了非常重要的作用。本章还阐述了自润滑技术的最新进展,以及从简单的轴承应用到极端工况环境应用的发展历程。此外,本章还综述了过去几十年自润滑材料研究中采用的分析测试方法,并介绍了目前的一些测试标准。

第2章主要阐述了广泛应用的金属基复合材料,涵盖铝、铜、镁和镍基复合材料,以及上述材料与能够赋予其自润滑性的固体润滑剂之间的相容性。此外,还介绍了碳基和 MoS_2-h-BN-WS_2-CaF_2-BaF_2 复合材料的摩擦学性能,着重讨论了外加粒子在决定复合材料性能方面所起的作用。

第3章阐述了各种聚合物基自润滑复合材料的性能,包括环氧树脂、聚四氟乙烯、聚醚醚酮纤维、酚醛树脂、聚酰亚胺和聚酰胺-聚苯乙烯等。一般来说,聚合物基复合材料是通过在摩擦表面形成润滑膜或者在复合材料内部填充润滑剂的方法实现自润滑性能的。

第4章详细阐述了陶瓷基自润滑复合材料实现低摩擦系数的可行性,以及陶瓷基自润滑复合材料的一些系统性研究成果,并讨论了陶瓷基体中同时嵌入几种不同润滑剂以实现自润滑能力的可行性。

第5章介绍了自润滑复合材料分子动力学模拟方面的内容。分子动力学是从纳米级到微米级材料摩擦学性能模拟和仿真的一种有效方法,本章说明了自润滑复合材料分子动力学模拟的重要性。

本书可为高校师生提供有关表面科学、摩擦学、润滑科学和新型自润滑材料等交叉学科方面的一些前沿知识,以及该领域极具价值的最新科技信息。无论是在机械和材料领域,还是在自动化、航空航天以及化工等领域,从事教育、科研和工程的读者均可从本书中受益。

本书作者既从事教育工作,又具备丰富的工程经验,在本书内容的选择和安排上也做了精心的设计,非常适用于上述各类教学科研工作者。在自润滑材料领域尚未出现重大突破之前,本书都可作为极好的参考资料。

最后,本书能够最终成稿还归功于很多研究团队的共同努力,这里作者要向内华达大学里诺分校的 Pradeep L. Menezes 博士团队和威斯康星大学密尔沃基分校 Pradeep K. Rohatgi 博士团队表示特别的感谢。

Emad Omrani

威斯康星大学密尔沃基分校

Pradeep K. Rohatgi

威斯康星大学密尔沃基分校

Pradeep L. Menezes

内华达大学里诺分校

作者简介

Emad Omrani

Emad Omrani 是威斯康星州威斯康星大学密尔沃基分校材料科学与工程系先进材料制造中心的博士生。其研究方向是开发新型复合材料和轻质合金、含碳材料的石油添加剂和自润滑系统等,并进行相关磨损与摩擦学研究。在金属基微纳米复合材料、生物高分子复合材料、自主功能材料和纳米复合材料摩擦学方面,编写一部著作中的 2 章,发表了 20 多篇同行评议的科技论文。

Pradeep K. Rohatgi

Pradeep K. Rohatgi 在印度瓦拉纳西的印度理工学院获得学士学位,并于 1964 年在剑桥的麻省理工学院获得博士学位。在麻省理工学院学习后,他在印度班加罗尔的印度科学研究所(IISc)和坎普尔的印度理工学院(IIT)担任教授。他还是两个国家科学与工业研究中心实验室的创始人、主任和首席执行官,其中包括印度特里凡得琅国立跨学科研究所及博帕尔的先进材料和加工研究所。

他目前是华盛顿大学复合材料和先进材料制造中心的主任和荣誉教授。他参与编辑和撰写了 12 本书和 400 多篇科学论文,拥有 19 项美国专利。他被认为是发展中国家复合材料和材料政策的世界领导者。因其在研究方面的卓越表现而获得了众多奖项,包括矿物、金属与材料学会(TMS)布鲁斯·查尔默斯奖和美国机械工程师学会(ASME)摩擦学奖,并被选为多个学术组织的委员,包括金属和材料协会(TMS)、美国金属协会(ASM)、美国机械工程师协会、汽车工程师协会(SAE)、世界科学院(TWAS)、制造工程学会(SME)、美国科学促进会(AAAS)、美国材料研究协会(MRS),以及威斯康星学院。

他对铸造金属复合材料的初步研究被列为铸造史上的一个重要里程碑成果,TMS 于 2006 年组织了 Rohatgi 荣誉研讨会,以表彰他对金属基复合材料的贡献。他开发了几种轻质复合材料以减少能源消耗,还曾在美国和印度政府的材料委员会任职,特别是与汽车部门有关的委员会,以促进合作交流。目前,他致力于轻量化、能量吸收、自润滑、自修复材料和组件的先进制造研究,包括微米/纳米复合材料和复合泡沫材料。他通过自己的咨询公司 Future Science and

Technology LLC、联合国和世界银行等国际机构,为大型企业提供咨询服务。他还是威斯康星州密尔沃基市智能复合材料有限公司的创始人兼首席技术官(CTO)。

Pradeep L. Menezes(通讯作者)

Pradeep L. Menezes 是内华达州里诺市内华达大学机械工程系的助理教授。在进入这所大学之前,他在威斯康星大学密尔沃基分校兼任助理教授,并在宾夕法尼亚州匹兹堡大学担任研究助理教授。

2008年,Menezes 在印度班加罗尔的印度科学研究所获得了材料工程学博士学位。之后,他在匹兹堡大学和威斯康星大学密尔沃基分校做了7年的博士后研究员,在材料、机械和制造工程领域具有丰富的经验。

在他富有成效的研究生涯中,已经发表了60多篇同行评议的论文(引用超过1700次,引用指数23)。参与编著了20本书,撰写完成《科学家和工程师摩擦学》一书。他指导了50多名本科生和研究生完成了他们的研究项目并获得学位。Menezes 博士也是50多家著名期刊的审稿人,3家期刊的编委会成员。此外,他还参加过许多国内和国际会议,担任会议论文审稿人、会议评审委员会委员、会议技术委员会委员、会议主席等职务。

2009—2015年,他担任威斯康星大学密尔沃基分校摩擦学协会召集人。他的研究兴趣包括先进绿色和生物制造的实验和计算分析、绿色固体和液体润滑剂以及多功能生物基混合润滑剂、表面科学和涂层、鞋底设计和人类摩擦学、摩擦磨损、增材制造、自修复和自润滑复合材料、制造系统摩擦学、凿岩技术和显式有限元建模。

目 录

第 1 章 自润滑材料 ·· 1
1.1 引言 ··· 1
1.2 为什么开发自润滑材料 ·· 3
1.3 自润滑技术的研究进展 ·· 5
1.4 自润滑材料的应用 ··· 9
1.5 自润滑材料性能分析技术 ···································· 12
参考文献 ··· 16

第 2 章 金属基自润滑复合材料 ···································· 20
2.1 简介 ··· 20
2.2 铝基复合材料 ·· 22
2.3 铜基复合材料 ·· 35
2.4 镁基复合材料 ·· 48
2.5 镍基复合材料 ·· 54
参考文献 ··· 58

第 3 章 聚合物基自润滑复合材料 ······························· 64
3.1 引言 ··· 64
3.2 环氧类复合材料 ··· 65
3.3 聚四氟乙烯 ·· 77
3.4 聚醚醚酮 ·· 80
3.5 酚类 ··· 84
3.6 聚酰亚胺 ·· 92
3.7 聚酰胺 ·· 102
3.8 聚苯乙烯 ·· 106
参考文献 ··· 108

第 4 章 陶瓷基自润滑复合材料 ·································· 119
4.1 引言 ·· 119
4.2 镍基陶瓷自润滑复合材料 ·································· 120

VII

  4.2.1 Ni_3Al 陶瓷基自润滑复合材料 …………………………… 120
  4.2.2   NiAl 陶瓷基自润滑复合材料 ……………………………… 124
 4.3   铝基陶瓷自润滑复合材料 ……………………………………… 139
  4.3.1   氧化铝陶瓷基自润滑复合材料 …………………………… 139
  4.3.2   氮化铝陶瓷基自润滑复合材料 …………………………… 150
 4.4   钛基陶瓷自润滑复合材料 ……………………………………… 151
 4.5   氮化硅陶瓷基自润滑复合材料 ………………………………… 159
 4.6   氧化锆陶瓷基自润滑复合材料 ………………………………… 163
 参考文献 ……………………………………………………………… 165

第 5 章   自润滑材料摩擦学行为的计算方法 ……………………… 175
 5.1   分子动力学简介 ………………………………………………… 175
 5.2   摩擦学行为的分子动力学模拟 ………………………………… 177
 5.3   自润滑复合材料的分子动力学模拟 …………………………… 179
  5.3.1   自润滑材料的磨损机理 …………………………………… 180
  5.3.2   两摩擦表面间第三体的作用效应 ………………………… 182
 参考文献 ……………………………………………………………… 185

第 1 章　自润滑材料

1.1　引言

机械系统面临着十分严峻的摩擦学问题,如何通过润滑方式改善机械设备内部的摩擦和磨损,是一项巨大的挑战。各种各样以原油为基础的润滑剂获得了广泛的应用,例如,汽车(变速器、液压件和齿轮箱)和金属加工设备中使用的烷烃、烷基苯、矿物油、庚烷、己烷,及其同分异构体等,足以涵盖众多工业应用领域。然而,到 20 世纪 60 年代末,许多应用已经发现,当上述润滑剂长时间工作于恶劣环境时,会受到工作条件、物理及化学特性、润滑效率与耐久性等的局限。随着新型石油产品的出现,有关突破这些限制的科学研究仍在继续[1-4]。

在一些极端的环境中,如光学和热控表面,润滑油和润滑脂容易发生迁移、挥发和凝结;在飞机发动机中,受高温和高空条件影响,润滑油会发生蒸发、氧化和分解。鉴于原油及其润滑产品的局限性,在如今的高性能机械(如汽车和涡轮发动机),以及一些先进机械系统中,润滑剂的性能往往会影响到整机的预期工作指标和工作效率。

大约在 20 世纪 70 年代末,当了解原油及其润滑产品的局限性后,研究人员意识到这些油品自身难以适应严峻、复杂的摩擦学应用条件。由此,研究转向了诸如硼酸(H_3BO_3)和六方氮化硼(h-BN)等固体润滑剂方面。最初,采用固体润滑剂涂层来润滑摩擦表面,增加耐磨性和延长机械部件寿命。此外,固体润滑剂还可以应用在高效减摩及节能等场合。因此,固体润滑剂可替代润滑油和润滑脂,并且能够工作于苛刻使用工况。

在 20 世纪初期,Holmberg 等人[5]提出了涂层接触表面的一般设计要求:

(1) 初始摩擦系数(Coefficient of Friction,COF)、稳态摩擦系数和摩擦不稳定性不得超过设计值。

(2) 接触表面(包括涂层表面)的磨损不得超过设计值。

(3) 从概率角度讲,涂层系统的寿命必须大于需求寿命。涂层系统的寿命极限可以定义为材料已达到不宜继续使用并已无法修复的极限状态所经历的时间。

固体润滑剂也存在不易克服的缺点,如界面导热性差、不同工作条件下摩擦系数存在波动、磨损寿命有限等。与液体润滑剂相比,固体润滑剂也很难补充、易氧化、化学结构会发生改变,也可能发生伴随老化的降解现象。在过去的几十年中,这些缺点不断被改进,使得固体润滑剂渐渐具备了用于实际工程中的可行性。固体润滑剂的发展历史如图1.1所示[6]。

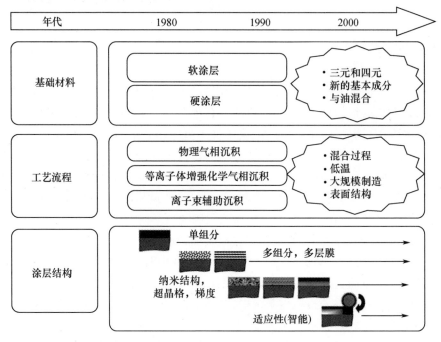

图1.1 固体润滑剂的发展历史

(摘自:Donnet,C. and Erdemir, A. ,*Surf. Coat. Technol.* ,180 – 181,76 – 84,2004)

早期对于滑动轴承干摩擦的研究,主要集中在聚四氟乙烯(PTFE) + 铅(Pb)、二硫化钼(MoS_2) + 聚酰亚胺(polyimide)等润滑覆膜对钢、青铜、钴合金等基体材料摩擦学性能的影响。尽管研究关注的重点是基体材料,但研究结果却对人们更好地理解固体润滑材料有很大帮助。其中最重要的一条结论是,人们发现,MoS_2基固体润滑剂使涂层表面的摩擦系数显著降低,涂层表面的耐磨性能也得到了很大改善[7-8]。随后,美国国家航空航天局(National Aeronautics and Space Administration,NASA)对 MoS_2 薄膜的摩擦学性能进行了研究,发现了固体润滑剂能发挥最佳效果时的涂层厚度范围[9]。尽管这些研究还没有对比不同固体润滑剂的添加效果,但材料的润滑性能已可以被控制或定制,这标志着新的润滑时代的开始。

在过去几十年里,有关固体润滑剂究竟是作为涂层,还是作为分散在油中的微粒,哪一种使用方式更具有优势的争议一直存在,且难以达成共识。关于何种润滑机制更有效也一直存在争议[10-11]。早期的固体润滑剂试验是将 h-BN 和 H_3BO_3 与润滑油混合,在高温高压条件下进行测试[12,13],研究获得了其边界润滑机理的几种假设。尽管有关不同形式固体润滑剂联合使用的问题仍在研究和探讨中[14-17],但固体润滑剂在实际应用中通常会明确规定使用条件,例如,潮湿或干燥,以及工作温度范围等。

材料的润滑性与所添加的固体润滑剂密切相关,即涂层或复合材料因为添加了固体润滑剂而具有了自润滑性。材料表面的润滑膜可分为两类:①不可补充的润滑膜,主要指不可再生的薄层,其厚度为 $10^{-10} \sim 5.1 \times 10^{-5}$ m 不等;②可补充的润滑膜,主要指摩擦过程中在金属或陶瓷表面所形成的可补充的转移膜[18]。第二种润滑膜主要存在于一些粉末冶金类材料。在生产过程中,将具有多孔性的产品在油或所需的相容润滑剂中浸渍,然后进行烧结。当这种粉末冶金材料发生摩擦接触时,润滑剂由于摩擦生热而被激活。随着温度的快速上升,孔隙中的润滑剂膨胀并开始向表面迁移,可瞬间形成润滑薄膜,从而防止金属间的进一步接触。该粉末冶金复合工艺首次应用在轴承制造中,并得到了全世界科学界和商业界的一致认可。

本章将从自润滑材料的研究前景和工程应用角度,详细介绍自润滑技术及其分析手段的研究进展。

1.2 为什么开发自润滑材料

在大多数摩擦学应用中,采用液体润滑剂或润滑脂降低摩擦和磨损。润滑剂通过减少相互作用表面之间的摩擦和磨损,进而改善固体之间的相对运动性能。处于两个接触面之间的润滑剂层的剪切强度较低,通常小于两滑动表面材料的剪切强度,因此表面间的摩擦被低剪切强度的润滑剂层所减小[18]。有时润滑油可以把两表面完全分开,使得表面间不产生任何形式的接触。但在有些情况下,受到润滑油膜厚度和试验条件限制,尽管不能完全避免表面粗糙峰的接触,但也可以降低表面间的剪切强度[2,19,20]。

在极端环境条件下液体润滑剂受到一定限制,如极高温或低温、真空、辐射和较高的接触压力。此时,唯有固体润滑剂可在缺乏液体润滑剂的情况下,达到减少摩擦和磨损的目的。表 1.1 归纳了在摩擦学应用中,固体润滑剂区别于液体润滑剂和润滑脂的特性[21]。通常,当固体润滑剂存在于接触界面时,其作用方式与液体润滑剂相同,均为形成低剪切强度层,使两个表面之间容易发生剪切运动,避免表面之间的直接接触,进而减少摩擦和磨损。此外,固体润滑剂分散在水、油和润滑脂中形成的混合物,其各组分可以协同作用,提高摩擦副之间的抗摩擦磨损性能[22,23]。

表1.1　固体润滑剂和液体润滑剂在摩擦学应用中的比较

应用环境和/或条件	固体润滑剂	液体和润滑脂润滑剂
真空	一些固体(过渡金属硫化物)在高真空下润滑性非常好,蒸汽压力非常低	大多数液体蒸发,但全氟聚醚和聚α-烯烃具有良好的耐磨性
压力	能承受极大的压力	没有添加剂的情况下不能承受很高的压力
温度	敏感性低;可在极低温和高温下工作;剪切生热较低	在低温下可能凝固,在高温下分解或氧化;摩擦生热随黏度变化
导电率	有些具有良好的导电性	大多数是绝缘的
辐射	对核辐射不敏感	随着时间的推移可能降解或分解
磨损	低速和微动磨损条件下具有优异的耐磨或耐久性;寿命由润滑膜厚度和磨损率决定	具备在低速和微动磨损条件下的临界性能和耐久性;边界润滑时需要添加剂
摩擦	极低的摩擦;系数是可控的	取决于黏度、边界膜和温度
导热和散热能力	适用于金属润滑剂;不适用于大多数无机物或层状固体	好
储存	可长期存放(二硫化物对湿度和氧气敏感)	在储存过程中可能会蒸发、流失、蠕变或迁移
卫生	由于很少或没有有害排放物,因此工业卫生状况更好;因为是固态物质,所以也不会有泄漏污染环境的危险	可能会释放有害的排放物,也可能会溢出或滴落并污染环境;某些油和润滑脂也存在易燃危险
与摩擦表面的相容性	与难润滑表面(如铝、钛、不锈钢和陶瓷)相容	不适用于有色金属或陶瓷表面的润滑
抗水和化学侵蚀的能力	对水介质、化学溶剂、燃料和某些酸和碱不敏感	可能受到酸性和其他水性介质的影响或改变

资料来源:Spalvins, T., Inter. Confer. Metal Coat., Elsevier, San Diego, CA, p. 17, 1980

固体润滑剂的重要特征是具有层状晶体结构。众所周知的固体润滑剂,如MoS_2、碳的同素异形体、h-BN 和 H_3BO_3 等,都具有层状晶体结构,可以提供优异的润滑性能[22,24,25]。

如何保持固体润滑剂在接触面间的连续供应,是使用固体润滑剂所面临的挑战。相对而言,润滑油却更容易在摩擦面间连续供给。最具有革新性的发展是将固体润滑剂作为强化相引入滑动部件之一的基体内,保证固体润滑剂可以连续供给。此外,通过自身成分或结构的分配和调节能够使摩擦表面间获得固体润滑剂(如石墨和MoS_2)的自润滑复合材料,也能够确保固体润滑剂的连续供给,从而降低摩擦系数和磨损率。随着全球环保和节能意识的增强,自润滑材料受到越来越多的关注,通过更好的材料复合结构,有望极大地改善能源的利用率。

金属、陶瓷和聚合物都是合成自润滑复合材料的基体材料。金属基自润滑复合材料(Self-Lubricating Metallic Matrix Composites,SLMMC)可通过铸造或粉末冶金方法制备,几乎所有的金属和合金都可被用于金属基自润滑复合材料的研究。金属基自润滑复合材料早已在工业领域的众多场合获得了减摩抗磨应用,如滑动轴承、滚动轴承和关节轴承等。

近期研究表明,摩擦界面间的部分磨损颗粒可成为固体润滑剂。磨损颗粒通过在材料的接触表面形成一层固体润滑剂薄膜,进而降低摩擦系数和磨损率,改善摩擦学性能。此类自润滑复合材料通过自身磨损作用减少摩擦和磨损,因此不必添加任何外部润滑剂。也即,添加了固体润滑剂的复合材料,由于磨损中产生了润滑膜而形成自润滑材料,也能够防止摩擦副表面之间的直接接触。这种润滑膜最初并不存在,由于表面磨损和次表层变形,使得基底材料中嵌入的固体润滑剂颗粒不断地补充到表面[26,27]。例如在干摩擦条件下,铝/石墨复合材料的润滑性、耐久性和抗咬合性均有提高[27]。

除金属基自润滑复合材料外,近年来工业领域应用中还出现了聚合物基和陶瓷基等一系列自润滑复合材料[28-30]。这些自润滑复合材料正成为一类重要的摩擦学材料,用于解决极端工况下零部件摩擦和磨损的问题。

1.3 自润滑技术的研究进展

材料的自润滑性能与接触表面间膜层的硬度、均匀性、润滑性和黏结性密切相关。固体润滑膜层或嵌入润滑剂的自润滑材料应满足如下指标[31]:

(1)润滑膜和基材之间的黏附剪切强度必须满足界面的润滑需要。

(2)薄膜的内聚力必须足够大,使薄膜在受到摩擦时不会碎裂。

(3)在剪切方向上,润滑颗粒与各层之间的黏附力应尽可能小,以维持较低的摩擦阻力。

只有少量自润滑材料或涂层材料,能够满足上述指标,如MoS_2、h-BN、H_3BO_3、石墨、PTFE和其他具有类似结构的固体润滑剂。这些润滑剂也由于多样的黏接类型、晶体结构、基材类型以及制备过程,比其他润滑剂更容易达到指标要求。

早期对于固体润滑剂的研究,产生了诸多制备自润滑材料的方案。工业上早期应用的自润滑材料主要是一些涂层,以下是相关的专利和研究成果。

- 1963 年:自润滑复合材料的制备和试验始于 20 世纪 50 年代末,并在 20 世纪 60 年代中期得到发展,其应用之一是真空自润滑复合材料。研究旨在探讨将固体润滑剂($MoSe_2$、WSe_2、$NbSe_2$ 等)、结合剂(铜、银等)、成膜剂(聚四氟乙烯或其他适宜的树脂)、成膜剂/润滑剂比例、组合结合剂五种变量组合起来制备自润滑复合材料的方法。研究对这五种变量的各种组合进行了试验,在 $10^{-9} \sim 10^{-6}$ Torr 的真空条件下,以及在低温至 400°F 的温度范围内,详细讨论了如何实现最佳的摩擦和磨损特性,发挥令人满意的润滑作用。这是早期应用粉末冶金技术开发自润滑复合材料的一种详细研究,这种复合材料能够作为承载表面使用,除了包含在其内部的润滑剂之外,不需要其他辅助润滑方式。该项研究开发的产品被用于低速重载条件下的滚动轴承和齿轮的自润滑部件[32]。目前,已开展了许多相似研究,针对特定应用(主要是各种类型的轴承),采用粉末冶金技术开发新型自润滑复合材料[33,34]。

- 1973 年:在黑色金属和铝合金表面,先采用化学镀镍工艺镀上厚度为 0.0001~0.005in(0.00254~0.127mm)镍,然后再涂上 0.0001~0.2in(0.00254~5.08mm)PTFE,最后在 320~820°F 温度下热处理 20min~2h,将基材与镍、聚四氟乙烯融合,获得抗黏附自润滑表面。试验证明,该工艺可使轴承的耐磨性能提高近 40%[35]。随后,研究人员开展了采用等离子喷涂和其他相似涂覆技术在金属表面沉积自润滑涂层的研究[36]。

- 1982 年:研究人员采用阴极溅射法,在金属基底表面沉积金属硫系化合物(Mo、W、Nb、V、Zr、Ti 和 Ta 的硫化物、硒化物和碲化物)。目前为止,这些硫系化合物已经被证明具有良好的润滑性能,其晶体结构和层状结构使得这些固体润滑剂能够为接触表面提供较低的摩擦系数。在阴极溅射过程中,预先选定待镀膜的基材和相应的硫系化合物或硫系化合物的混合物。在惰性气体环境,靶材表面被阴极放电管中形成的硫系离子轰击,这些离子在磁场的控制下沉积在基体表面,其装置如图 1.2 所示。该工艺克服了早期减摩涂层制备技术的限制,提高了涂层的耐磨减摩性能,减少了其对水分的敏感性。此外,一些用早期方法不能制备固体润滑膜层的金属,如铜和青铜,也可以使用阴极溅射工艺进行涂覆[37]。

---

① 1Torr≈133.32Pa。

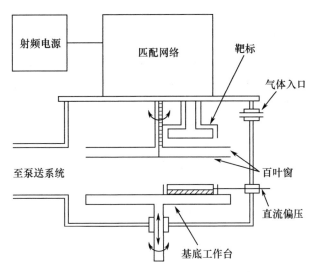

图 1.2 带有直流偏压样品(待涂覆材料)的射频二极管溅射装置示意图
(摘自:Andersson, K. Å. B., Karlsson, S. E., Ohmae, N., *Vacuum*, 27, 379 – 382, 1977)

- 1984 年:在注射器上涂覆自润滑材料,用于医疗设备的控制阀,帮助弹性装置充气和放气,能够解决将填充管用于膨胀液输送装置时阻力较大的问题。填充管涂覆时,首先,将其表面进行清洁,并将其暴露在超声波声场下的碳氟化合物中;其次,用至少 0.5 Mrad 量的伽马射线照射填充管;再次,将填充管浸入含有乙烯系不饱和单体和可氧化金属离子溶液中,氮气气氛环境,温度约为75℃,时间 45min;最后,用去离子水冲洗填充管,在填充管表面留下亲水性聚合单体的覆膜[39]。这一过程虽然费时费力,但该涂层对于许多医疗器械来说,非常有效。

- 1988—1996 年:由于自润滑复合材料潜在的适用性,针对特定应用领域的自润滑复合材料研究逐渐增多,其间关于自润滑材料的专利数量也持续增加。包括一些用于从低温到约 900℃宽温域范围化学反应环境中的自润滑、高耐磨的复合材料。这些材料用于开发节油发动机,如绝热柴油机和先进机械涡轮,也包括在先进斯特林发动机和许多航空航天机构上的应用。尽管在大多数情况下,自润滑复合材料的设计都来自于材料、润滑剂、负载/结构尺寸、工作压力和滑动速度这五个基本变量,但目前众多新方法不断涌现,并促使自润滑复合材料更快发展。如包括碳化物、氟化物、银、镍基的超级合金、钴基超级合金、聚合物复合构件,以及由石墨、MoS_2、BN、LiF、CaF_2、NaF 和 WS_2 组合成的固体润滑剂[40-44]等。此外,在这些领域的研究还将粉末冶金和涂层技术结合,以获得能够在极端工况条件下使用的黏性自润滑复合材料。

- 20 世纪以后:虽然大多数自润滑复合材料均可采用粉末冶金技术制备,

但大批量生产并不现实。在这一时期,涂层技术得到了较大发展。众多真空沉积技术,如等离子体气相沉积(PVD)、化学气相沉积(CVD)和离子束辅助沉积(IBAD),能够获得由多组分相合成的复合材料[6]。其指导思想是,在保持基底材料力学性能的基础上,在其表面制备涂层,除了减少摩擦,还能提高恶劣条件下的耐磨性。从某种意义来说,这一概念借鉴了加工刀具的技术发展,已采用PVD、CVD和IBAD沉积技术,将(Ti、Al、V)C、N等高耐磨材料复合在加工刀具上,并针对具体应用领域进行改进[45,46]。进一步的研究证实了合金元素的性质和数量对材料的摩擦磨损行为有很大影响,并将研究领域扩展到含有Zr、HF、V、Nb、Cr、Mo、W、Al和Si等元素及其组合的自润滑材料。

20世纪90年代末,对非晶碳氮化物(CN_x)涂层的研究越来越多,这不仅是因为耐磨CN_x组分的广泛适用性,同时可利用已有的涂层技术进行有效沉积[47]。图1.3显示了C和CN_x涂层类型、涂层厚度和涂层寿命周期之间的关系,其中使用了IBAD技术将C和CN_x涂覆于磁盘表面。

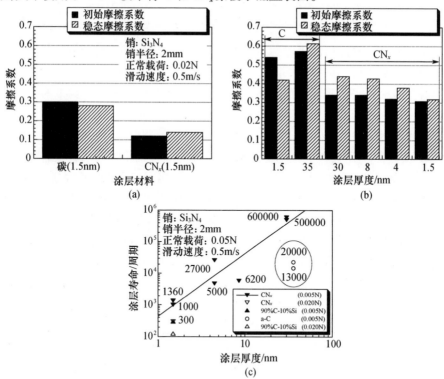

图1.3 (a)法向载荷0.02N时摩擦系数与涂层类型的关系;
(b)法向载荷0.005N时摩擦系数与涂层厚度的关系;(c)几种涂层寿命与厚度的关系

近 20 年实现的各种物理气相沉积和化学气相沉积技术,如表 1.2 所列。在不同技术中,其基本原理都是相似的。

表 1.2　物理气相沉积和化学气相沉积技术的演变

物理气相沉积技术的演化	化学气相沉积技术的演化
阴极电弧沉积	大气压化学气相沉积
电子束物理气相沉积	低压化学气相沉积
脉冲激光沉积	超高真空化学气相沉积
溅射沉积	气溶胶辅助化学气相沉积
升华夹层法	直接液体喷射化学气相沉积
	热壁化学气相沉积
	冷壁化学气相沉积
	微波等离子体辅助化学气相沉积
	等离子体增强化学气相沉积
	远距等离子体增强化学气相沉积
	原子层化学气相沉积
	燃烧化学气相沉积
	热丝化学气相沉积
	混合物理—化学气相沉积
	金属有机化学气相沉积
	快速热化学气相沉积
	气相外延
	光引发化学气相沉积

1.4　自润滑材料的应用

许多自润滑材料适用于高磨损、高温和高承载环境,但其绝不是几种材料组分的简单混合。例如,含有 MoS_2 的玻璃纤维(纤维-MoS_2)和含有 PTFE 的玻璃纤维(玻璃-PTFE),均为晶须或短切纤维分散在提供特殊润滑性质的聚合物基体中。但在这种特定玻璃纤维中,MoS_2 的存在并没有使其更耐磨,纤维-MoS_2 的磨损率比玻璃-PTFE 的磨损率约高 2 倍[18]。因此,在使用自润滑材料之前,必须对其相容性进行深入分析。起初自润滑材料与各种轴承材料的使用有关,大约在 20 世纪 90 年代初,对轴承材料在极端环境条件,以及空间应用中的适用性都进行过测试[48]。

高分子复合材料在空间摩擦学中的适用性已被证实,虽然大多数高分子自润滑复合材料的齿轮元件都是针对轻载设计的,但在航天精密机构应用中也有良好的表现。航天中的低温轴承是另一个自润滑复合材料的主要应用对象,比如执行太空任务时需要低温冷却的仪器内部轴承,包括红外探测器、超导设备和望远镜[49](红外望远镜、X射线望远镜、伽马射线望远镜和高能望远镜)。此外,航天飞机主发动机上使用的高速涡轮泵,其工作时制冷剂直接通过内部轴承,而油和润滑脂在太空低温下将会凝固,因此,目前唯一可行的替代方法就是使用固体润滑剂。

自20世纪50年代末到60年代初,NASA一直致力于开发低温应用的自润滑复合材料[50,51]。此外,NASA也付出了相当大的努力来开发低温环境下使用这些自润滑复合材料的轴承技术[52-56],NASA采用的低温试验箱设备如图1.4所示。早期研究发现,用于低温条件下的最佳润滑剂是PTFE。然而,PTFE的强度较低,即使在轻载下也容易发生冷变形,其导热性也很差,这是使用PTFE设计高速轴承时面临的问题。在这种情况下,发热可能会对轴承的运行造成不利影响,因此,需要将PTFE与其他材料复合才能获得更理想的性能[48]。

目前,正在研究的用于特定应用的数百种自润滑复合材料,都致力于获得相匹配的力学性能和摩擦学性能。早期的自润滑材料力学性能和摩擦学性能之间存在制约,或是力学性能差,或是摩擦系数高,当前正在研究的高性能陶瓷基复合材料,采用新型处理技术,利用仿生学和梯度复合材料的设计原理有望解决这一问题[57]。

分析正在进行的研究,另一个具有广泛应用前景的新兴材料是硅基复合材料。在硅基复合材料中,含碳材料、MoS_2和h-BN等固体润滑材料作为增强材料嵌入金属基体中,可制造具有良好自润滑性能的新型材料。这些自润滑固体材料促使研究合成了具有优异摩擦学性能的轻量硅基复合材料[58]。石墨烯是近年来研究的新方向,石墨烯与自润滑复合材料相容,具有良好的表面摩擦性能。此外,正在尝试开发采用激光将自润滑复合材料与添加剂结合,为重载应用提供更好的界面润滑条件。例如,用激光熔覆技术在金属表面制备氟化物和氧化物固体润滑涂层等。

以下是一些获得应用的涂层材料。

(1)石墨:航空航天、块状非晶合金和飞机涡轮压缩机叶顶密封胶涂层。

(2)MoS_2:航空、海洋、汽车产品、真空工业、需要润滑的食品工业和机床、油田用柱塞泵。

(3)WS_2:航空航天高温应用、高温绝热发动机轴承、气缸套、核阀、蒸汽轮机叶片、工业燃气轮机和发电行业。

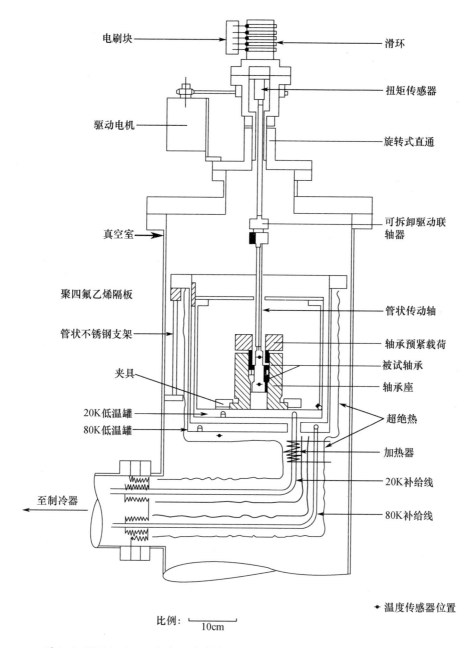

图 1.4 NASA 用于研究自润滑材料的低温真空室和滚动轴承试验装置示意图
(摘自:Khurshudov, A. G. , Kato, K. , *Surf. Coat. Technol.* , 86, 664 – 671, 1996)

(4) h-BN:高温腐蚀环境和金属加工。

(5) CaF_2:航空航天高温自润滑复合涂层、压缩机叶片和排气喷嘴、高温耐磨件、连续铸造模具和电触点。

尽管自润滑材料的概念已经存在了几十年,但它们的适用性和多样性受限于特定环境及各成分是否相容,在许多工程应用中仍然有待开发。

1.5 自润滑材料性能分析技术

自润滑材料性能分析主要研究材料的组成和应用特性,通常采用如下试验:
(1) 固体润滑剂分布试验。
(2) 接触压力和边缘效应分布试验。
(3) 摩擦磨损行为试验。

自润滑驱动活塞的摩擦学性能试验结果如图1.5所示。将这些数据与常规的驱动活塞部件进行比较,可以验证所用自润滑材料的有效性。

虽然自润滑复合材料的力学性能与其组成息息相关,但当涉及涂层时,必须认识到材料表面特性与涂层制备方法也有很大关系。因此,除了摩擦学性能试验外,也采用涂层的分析方法来测试自润滑涂层材料,如九项基本附着力试验:压敏胶带试验、加速度(体积力)试验、电磁应力试验、冲击波试验、拉伸和剪切试验、激光层裂技术、声学成像、压痕试验和划痕试验,用于进一步评估涂层的性能。表1.3给出了部分试验的测试方法。

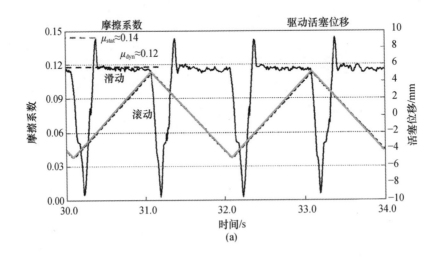

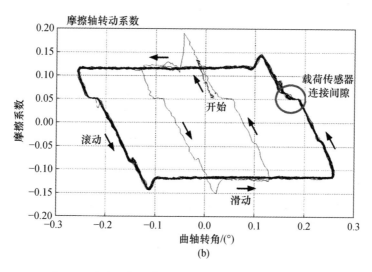
(b)

图1.5 某发动机活塞气缸自润滑部件的摩擦系数曲线
(a)随时间和活塞位移变化的摩擦系数；(b)随曲轴转角变化的摩擦系数。

表1.3 黏接与涂覆膜层的基本试验技术

测试方法	过程
压敏胶带试验	单涂层胶带黏合,180°角剥离:在控制压力的标准试验板(或其他相关表面)上施加一条胶带。在规定的速度下以180°角从面板上剥离胶带,在此期间测量剥离力的大小。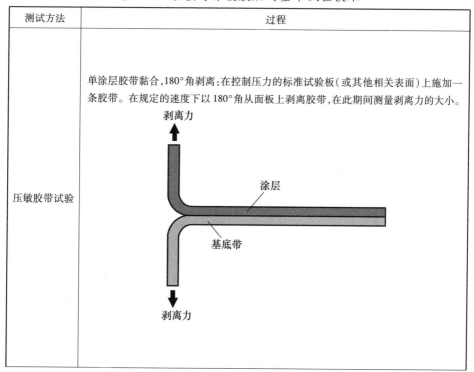

(续)

测试方法	过程
激光层裂技术	激光层裂是一种新发展起来的试验技术，用于评估薄膜与基板的黏附性。在该技术中，先把吸收能量的涂层沉积在基板上。脉冲激光器（通常是 Nd:YAG）聚焦于能量吸收层，使其正对所研究的基板—涂层界面，如下图所示。能量使材料突然膨胀，产生压缩冲击波，朝向基底—涂层界面。这种压缩脉冲会撞击界面，一部分会传输至涂层。该压缩脉冲的反射能会在涂层的自由表面产生拉伸脉冲，当达到临界脉冲振幅时会导致涂层分层剥落[60]。 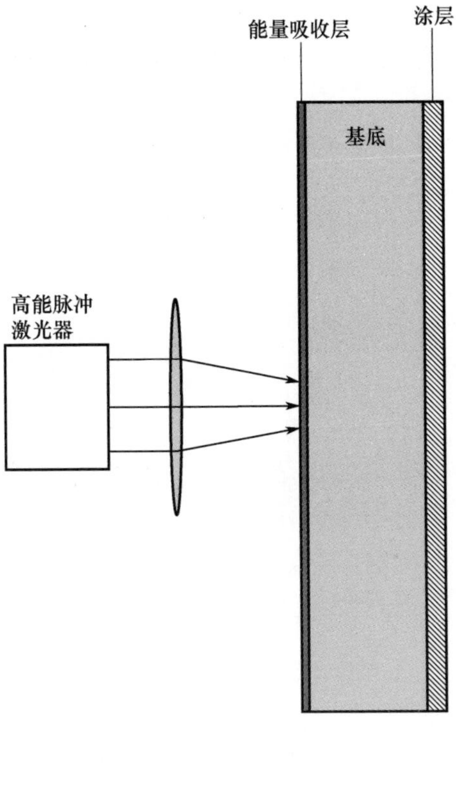

（续）

测试方法	过程
压痕试验	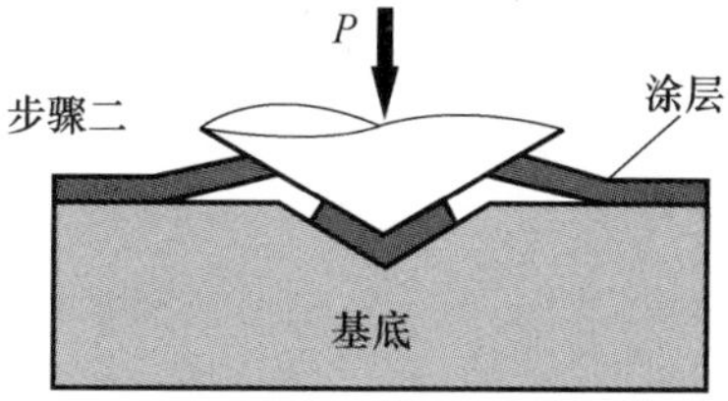 当涉及涂层/基底系统时，情况十分复杂，涂层系统的变形和断裂不仅取决于涂层的微观结构和韧性，还取决于基底和涂层—基底界面的性能[61-64]，因此进行涂层相应力学性能分析时难度显著增加。尽管在压痕试验过程中发生的变形和断裂行为相对复杂，但该技术已成功地用于脆性涂层与韧性基底的黏合作用评估[63-65]。下图为涂层/基底系统表面压痕试验的示意图，图中示意了脆性涂层变形和断裂的两个步骤[60]。 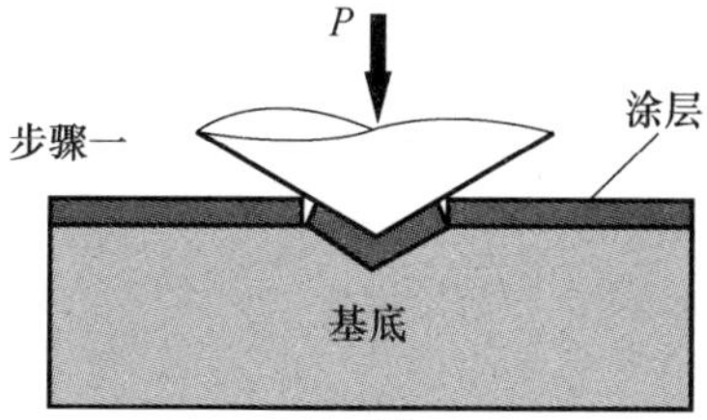
划痕试验	通过在涂层表面拖动球形金刚石压头来进行试验。同时，在压头上施加不断增加的法向载荷，直至涂层脱落。划痕试验[60]如下图所示。 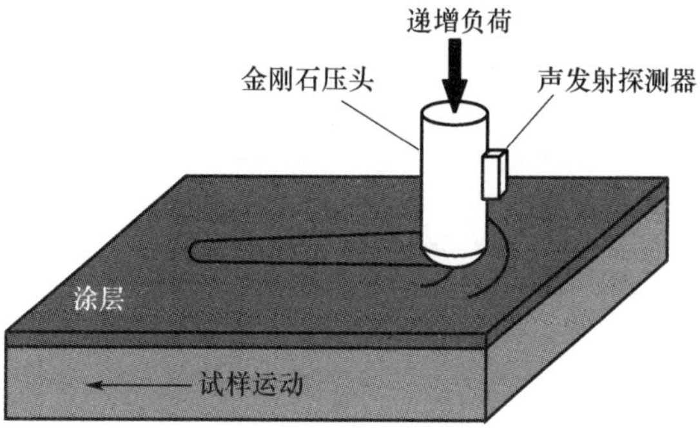

15

（续）

测试方法	过程
销-盘摩擦磨损试验	销-盘摩擦磨损试验是一种表征两种材料之间摩擦系数、摩擦力和磨损速率的方法。根据测试要求及目的，可以使用多种配副方式。通用的试验标准包括 ASTM G99、ASTM G133 和 ASTM F732。典型的销-盘摩擦磨损试验装置如下图所示。 注：F 为销上的法向力，d 为销或球直径，D 为盘直径，R 为磨损轨迹半径，ω 为盘的转速。同一试验可设计不同的测试组合变量。

参 考 文 献

1. Atlas RM, Bartha R. Degradation and mineralization of petroleum in sea water: Limitation by nitrogen and phosphorous. *Biotechnology and Bioengineering*. 1972;14:309-318.

2. Atlas RM. Microbial degradation of petroleum hydrocarbons: An environmental perspective. *Microbiological Reviews*. 1981;45:180-209.

3. Momper JA. Oil migration limitations suggested by geological and geochemical considerations. *Physical and Chemical Constraints on Petroleum Migration*. 1978;A034:T1-T60.

4. Fox MF. Maintenance. In: Totten GE, (Ed). *Handbook of Lubrication and Tribology*, 2nd ed., Vol II: Theory and Design. CRC Press: Boca Raton, FL; 2006. Section: 29.

5. Holmberg K, Matthews A. Coatings tribology. In: Holmberg K, Matthews A, (Ed). *Coatings Tribology: Properties, Mechanisms, Techniques and Applications in Surface Engineering*. Elsevier Science: Amsterdam, the Netherlands; 2009;56. pp. 1-6.

6. Donnet C, Erdemir A. Historical developments and new trends in tribological and solid lubricant coatings. *Surface and Coatings Technology*. 2004;180-181:76-84.

7. Lancaster JK, Moorhouse P. Etched-pocket, dry-bearing materials. *Tribology International.* 1985; 18: 139–148.
8. Spalvins T. Coatings for wear and lubrication. *Thin Solid Films.* 1978;53:285–300.
9. Spalvins T. Tribological properties of sputtered MoS sub 2 films in relation to film morphology. *International Conference on Metal Coatings.* Elsevier: San Diego, CA; 1980. p. 17.
10. Ajayi OO, Erdemir A, Fenske GR, Erck RA, Hsieh JH, Nichols FA. Effect of metalliccoating properties on the tribology of coated and oil-lubricated ceramics. *Tribology Transactions.* 1994;37:656–660.
11. Bull SJ, Chalker PR. Lubricated sliding wear of physically vapour deposited titanium nitride. *Surface and Coatings Technology.* 1992;50:117–126.
12. Kimura Y, Wakabayashi T, Okada K, Wada T, Nishikawa H. Boron nitride as a lubricant additive. *Wear.* 1999;232:199–206.
13. Erdemir A. Lubrication from mixture of boric acid with oils and greases. U. S. Patent No. 5,431,830. 1995.
14. Parucker ML, Klein AN, Binder C, Ristow Junior W, Binder R. Development of self–lubricating composite materials of nickel with molybdenum disulfide, graphite and hexagonal boron nitride processed by powder metallurgy: Preliminary study. *Materials Research.* 2014;17:180–215.
15. Koskilinna JO, Linnolahti M, Pakkanen TA. Friction and a tribo chemical reaction between ice and hexagonal boron nitride: A theoretical study. *Tribology Letters.* 2008;29:163–167.
16. Eichler J, Lesniak C. Boron nitride (BN) and BN composites for high-temperature applications. *Journal of the European Ceramic Society.* 2008;28:1105–1109.
17. Uğurlu T, Turkoğlu M. Hexagonal boron nitride as a tablet lubricant and a comparison with conventional lubricants. *International Journal of Pharmaceutics.* 2008;353:45–51.
18. Gardos MN. Self-lubricating composites for extreme environment applications. *Tribology International.* 1982; 15:273–283.
19. Ludema KC. *Friction, Wear, Lubrication: A Textbook in Tribology.* CRC Press: Boca Raton, FL; 1996.
20. Stachowiak GW, Batchelor AW. *Engineering Tribology.* Butterworth-Heinemann: Oxford, UK; 2005.
21. Erdemir A. Solid lubricants and self-lubricating films. *Modern Tribology Handbook.* 2001;2:787.
22. Moghadam AD, Schultz BF, Ferguson J, Omrani E, Rohatgi PK, Gupta N. Functional metal matrix composites: Self-lubricating, self-healing, and nanocomposites-an outlook. *JOM.* 2014;66:1–10.
23. Rohatgi PK, Afsaneh DM, Schultz BF, Ferguson J. Synthesis and properties of metal matrix nanocomposites (MMNCS), syntactic foams, self lubricating and self-healing metals. *PRICM: Pacific Rim International Congress on Advanced Materials and Processing.* 2013;8:1515–1524.
24. Rohatgi PK, Tabandeh-Khorshid M, Omrani E, Lovell MR, Menezes PL. Tribology of Metal Matrix Composites. In: Menezes P, Nosonovsky M, Sudeep PI, Satish VK, Michael RL, (Eds.). *Tribology for Scientists and Engineers.* Springer: New York; 2013. pp. 233–268.
25. Reeves CJ, Menezes PL, Lovell MR, Jen T-C. Tribology of Solid Lubricants. In: Menezes P, Nosonovsky M, Sudeep PI, Satish VK, Michael RL, (Eds.). *Tribology for Scientists and Engineers.* Springer: New York; 2013. pp. 447–494.
26. Liu Y, Lim S, Ray S, Rohatgi P. Friction and wear of aluminium-graphite composites: The smearing process of graphite during sliding. *Wear.* 1992;159:201–205.

27. Rohatgi P, Ray S, Liu Y. Tribological properties of metal matrix-graphite particle composites. *International Materials Reviews.* 1992;37:129-152.
28. Gangopadhyay A, Jahanmir S. Friction and wear characteristics of silicon nitride graphite and alumina-graphite composites. *Tribology Transactions.* 1991;34:257-265.
29. Prasad SV, Mecklenburg KR. Self-Lubricating aluminum metal-matrix composites containing tungsten disulfide and silicon carbide. *Lubrication Engineering.* 1994;50:511-518.
30. Fredrich K, Lu Z, Hager AM. Recent advances in polymer composites' tribology. *Wear.* 1995;190:139-144.
31. Mang T, Bobzin K, Bartels T. *Industrial Tribology: Tribosystems, Friction, Wear and Surface Engineering, Lubrication.* Wiley: Weinheim, Germany; 2011. p. 429.
32. Boes DJ, Bowen PH. Friction-wear characteristics of self-lubricating composites developed for vacuum service. *ASLE Transactions.* 1963;6:192-200.
33. Giltrow JP. Series—composite materials and the designer: Article 4. *Composites.* 1973;4:55-64.
34. Tsuya Y, Shimura H, Umeda K. A study of the properties of copper and copper-tin base self-lubricating composites. *Wear.* 1972;22:143-62.
35. Perkins G. Method of forming abrasion – resistant self-lubricating coating on ferrous metals and aluminum and resulting articles. U. S. Patent No. 3,716,348. 1973.
36. Sliney HE. Wide temperature spectrum self-lubricating coatings prepared by plasma spraying. *Thin Solid Films.* 1979;64:211-217.
37. Bergmann E, Melet G. Process for depositing on substrates, by cathode sputtering, a self-lubricating coating of metal chalcogenides and the coating obtained by this process. U. S. Patent No. 4,324,803. 1982.
38. Andersson K Å B, Karlsson SE, Ohmae N. 3. 5 Morphologies of rf sputter-deposited solid lubricants. *Vacuum.* 1977;27:379-382.
39. Hyans TE. Method for forming a self-lubricating fill tube. U. S. Patent No. 4,459,318. 1984.
40. Sliney HE. Carbide/fluoride/silver self-lubricating composite. U. S. Patent No. 4,728,448. 1988.
41. Vogel FL. Motion-transmitting combination comprising a castable, self-lubricating composite and methods of manufacture thereof. U. S. Patent No. 5,325,732. 1994.
42. Rao VDN. Solid lubricant and hardenable steel coating system. U. S. Patent No. 5,484,662. 1996.
43. Peters JAD. Wear-and slip resistant composite coating. U. S. Patent No. 5,702,769. 1996.
44. Blanchard CR, Page RA. Composite powder and method for forming a self-lubricating composite coating and self-lubricating components formed thereby. U. S. Patent No. 5,763,106. 1998.
45. Knotek O, Atzor M, Prengel HG. On reactively sputtered Ti-Al-V carbonitrides. *Surface and Coatings Technology.* 1988;36:265-273.
46. Jehn HA. Multicomponent and multiphase hard coatings for tribological applications. *Surface and Coatings Technology.* 2000;131:433-440.
47. Khurshudov AG, Kato K. Tribological properties of carbon nitride overcoat for thin-film magnetic rigid disks. *Surface and Coatings Technology.* 1996;86:664-671.
48. Fusaro RL. Self-lubricating polymer composites and polymer transfer film lubrication for space applications. *Tribology International.* 1990;23:105-122.
49. Gould SG, Roberts EW. The in-vacuo torque performance of dry-lubricated ball bearings at cryogenic temper-

atures. *The 23rd Aerospace Mechanisms Symposium.* NASA Marshall Space Flight Center: Huntsville, AL; 1989. pp. 319–333.

50. Wisander DW, Maley CE, Johnson RL. Wear and friction of filled polytetrafluoroethylene compositions in liquid nitrogen. *ASLE Transactions.* 1959;2:58–66.

51. Wisander DW, Ludwig LP, Johnson RL. *Wear and Friction of Various Polymer Laminates in Liquid Nitrogen and in Liquid Hydrogen*, NASA TN D-3706. NASA Lewis Research Center: Cleveland, OH; 1966.

52. Scibbe HW, Anderson WJ. Evaluation of ball-bearing performance in liquid hydrogen at DN values to 1.6 million. *ASLE Transactions.* 1962;5:220–32.

53. Cunningham RE, Anderson WJ. *Evaluation of 40-Millimeter-Bore Ball Bearings Operating in Liquid Oxygen at DN Values to 1.2 Million*, NASA TN D-2637. NASA Lewis Research Center: Cleveland, OH; 1965.

54. Brewe DE, Scibbe HW, Anderson WJ. *Film-Transfer Studies of Seven Ball-Bearing Retainer Materials in 60 Deg. R (33 deg. K) Hydrogen Gas at 0.8 Million DN Value*, NASA TN D-3453. NASA Lewis Research Center: Cleveland, OH; 1966.

55. Zaretsky EV, Scibbe HW, Brewe DE. *Studies of Low and High Temperature Cage Materials.* NASA Lewis Research Center: Cleveland, OH; 1968.

56. Scibbe HW. Bearings and seals for cryogenic fluids. SAE Technical Paper No 680550; 1968.

57. Zhang Y, Su Y, Fang Y, Qi Y, Hu L. High-performance self-lubricating ceramic composites with laminated-graded structure. In: Ebrahimi F, (Ed). *Advances in Functionally Graded Materials and Structures.* InTech: Rijeka, Croatia; 2016, Chapter 4, pp 61 71. DOI: 10.5772/62538.

58. Omrani E, Dorri MA, Menezes PL, Rohatgi PK. New emerging self-lubricating metal matrix composites for tribological applications. In: Davim JP, (Ed). *Ecotribology: Research Developments.* Springer International Publishing: Cham, Switzerland; 2016. pp. 63–103.

59. Quazi MM, Fazal MA, Haseeb ASMA, Yusof F, Masjuki HH, Arslan A. A review to the laser cladding of self-lubricating composite coatings. *Lasers in Manufacturing and Materials Processing.* 2016;3:67–99.

60. Zhou K, Chen Z, Hoh HJ. Characterization of coating adhesion strength. In: Zhang SS, (Ed). *Thin Films and Coatings: Toughening and Toughness Characterization.* CRC Press: Boca Raton, FL; 2015. pp. 465–528.

61. Marot G, Lesage J, Démarécaux P, Hadad M, Siegmann S, Staia MH. Interfacial indentation and shear tests to determine the adhesion of thermal spray coatings. *Surface and Coatings Technology.* 2006; 201: 2080–2085.

62. Drory MD, Hutchinson JW. Measurement of the adhesion of a brittle film on a ductile substrate by indentation. *Proceedings of the Royal Society of London Series A: Mathematical, Physical and Engineering Sciences.* 1996;452:2319.

63. Hongyu Q, Xiaoguang Y, Yamei W. Interfacial fracture toughness of APS bond coat/ substrate under high temperature. *International Journal of Fracture.* 2009;157:71–80.

64. Chicot D, Démarécaux P, Lesage J. Apparent interface toughness of substrate and coating couples from indentation tests. *Thin Solid Films.* 1996;283:151–157.

65. Li X, Diao D, Bhushan B. Fracture mechanisms of thin amorphous carbon films in nanoindentation. *Acta Materialia.* 1997;45:4453–4461.

第 2 章　金属基自润滑复合材料

2.1　简介

复合材料由多种材料组合而成,其中一种材料作为基体,其余为增强组分。复合材料已有数千年的使用历史,最早出现于埃及和美索不达米亚(约公元前1500年)[1],人们用泥土和稻草混合而成的复合材料来建造房屋。在我们的日常生活中也几乎随处可见工程复合材料,最常见的一类为聚合物基复合材料(Polymer Matrix Composites,PMC),可用于制造自行车框架、曲棍球棒和航天器机身等。由于单一的基体材料无法满足强度和刚度的需求,现代复合材料的设计常常以力学性能为出发点。以 PMC 为例,强化相通常是玻璃或陶瓷材料,通过传递或分担载荷的机理来提高力学性能。

随着 PMC 的发展,科学家和工程师又开发了金属基复合材料(Metal Matrix Composites,MMC)。MMC 的制造技术始于 20 世纪 70 年代,在随后的几十年里,MMC 逐渐发展起来,其应用也越来越广[2-3]。MMC 中的增强相可以是诸如陶瓷或玻璃等硬质材料,也可以是改善表面性能的固体润滑剂材料。

金属基自润滑复合材料(SLMMC)包括复合材料基体[4-5]、厚涂层或覆层物[6],以及纳米复合薄层[7-8]。摩擦学领域使用的复合材料,最重要的是其摩擦学性能。图 2.1 描述了包含固体润滑剂的金属基复合材料构成及作用原理,其中固体润滑剂用于改善摩擦学性能,硬质相起着支撑载荷和减少磨损的作用。常见的固体润滑剂有石墨、MoS_2、h-BN 等,常见的硬质相陶瓷有 Al_2O_3 和 SiC。

固体润滑剂通过形成具有润滑性的摩擦膜,赋予金属基复合材料自润滑性能。在某些情况下,接触处的转移膜可在部件严重磨损期间再生。其中摩擦膜是指被测材料表面的改性层,转移膜是指附着在对摩材料表面的变化层(图 2.1)。SLMMC 是未来绿色制造和可持续发展工程的重要材料,可减少对于润滑油的需求,从而降低系统的能源消耗,还可减轻磨损,延长零部件的寿命。

人造自润滑材料主要是复合材料,复合材料由两种不同的材料组合而成,目的是获得这两种材料各自的特性。自润滑复合材料充分利用了硬质基体结构与

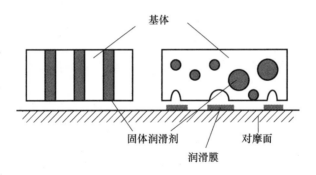

图 2.1　自润滑复合材料结构及其润滑机理

润滑剂相结合的优势。在基体中融合润滑剂的方法有多种,其中一种简单而有效的方法是在基体中分散固体润滑剂颗粒或纤维,以确保材料能不断保持润滑特性。基体和润滑剂的性能、润滑剂的浓度、润滑剂的分布或排列方式以及润滑剂与基体之间的相互作用,都是影响该类复合材料性能的因素。自润滑材料如图 2.1 所示,随着材料磨损的进行,新的固体润滑剂颗粒会暴露出来,从而维持表面的润滑状态。自润滑复合材料的一个典型例子是灰铸铁:硬的铁基体中分散着具有润滑性能的石墨片。此外,通过结构相与润滑相交替出现来构造复合材料,也是设计自润滑材料的有效途径。

如前所述,自润滑复合材料的独特性质包括,磨损颗粒可在接触面处扮演固体润滑剂的角色,从而降低摩擦系数和磨损率。例如,在滑动条件下,金属/石墨复合材料具有自润滑性,是由于石墨在摩擦表面的转移,形成了一层薄的石墨转移膜,从而阻止了配合表面之间的直接接触[9]。为了保持有效的润滑,固体润滑剂与承载表面之间应具有较强的附着力,否则,润滑层很容易被磨掉,使用寿命较短。这种固体润滑剂和基体合金组成的颗粒复合材料,其特性由以下三方面决定:①基体合金的组成和微观结构;②固体润滑剂颗粒的大小、体积分数和分布情况;③基体与固体润滑剂颗粒的界面性质[9-10]。

金属基自润滑复合材料广泛用于液体润滑剂不适用的场合。通过在摩擦表面形成富含固体润滑剂的膜层来维持润滑,提高复合材料的摩擦学性能[11-12],是 SLMMC 实现自润滑性的关键。由于固体润滑剂层间剪切强度较低,直接夹在两个接触面之间的固体润滑颗粒会发生剪切作用,进而形成润滑层。润滑层主要从以下四个方面改善复合材料的摩擦学性能:①减少传递到接触区域下方材料的剪切应力;②减小次表层塑性变形区域;③防止金属直接接触;④作为两个滑动表面之间的固体润滑剂。

因此,金属基自润滑复合材料具有比合金更好的摩擦、磨损和抗咬合能力。在基体中嵌入较多的固体润滑剂时,滑动表层可获得较大的润滑膜厚度,从而有效地保持复合材料的低摩擦和耐磨损性能。润滑膜的重要参数是成分、面积分数、厚度和硬度。润滑膜在接触表面上的特性取决于基体的性能、固体润滑膜与基体的附着力，以及是否具备使润滑剂(如石墨等)以膜的形式生成并扩散的环境[9-10]。

固体润滑材料与金属基体组合而成的复合材料有着悠久的历史。Rohatgi 等人通过铸造法完成了许多 Al-石墨(Al-Gr)复合材料的前期制备工作[2,11-15]，使包含石墨的金属基复合材料得到更广泛的研究。研究人员还通过粉末冶金或其他技术将 MoS_2、WS_2 和 h-BN 掺入金属中[16-18]。初期主要是使用铸造和粉末冶金方法制备 SLMMC，随后制备工艺和材料本身都发生了巨大变革，如石墨被碳纳米管(GNT)取代等。

无论何种生产方法或材料系统，制备 SLMMC 都有两个共同的关键指标。首先，固体润滑剂应尽可能分散均匀，不会被加工过程所改变。其次，所含固体润滑剂的实际体积分数通常具有一定比例，因为固体润滑剂体积分数较高时，不可避免地会降低材料整体的力学性能；固体润滑剂体积分数较低时，材料力学性能较好。

因此，上述第二个主要指标要求找到最佳的润滑剂含量平衡点。在理想情况下，需要有足够量的润滑剂，使其在整个工作期间材料表面有可持续的摩擦膜维持润滑，同时要求力学性能不可以降低太多。这就是为什么经常可以发现 SLMMC 中也包含硬质材料相的原因，硬质夹杂物提供的承载能力有助于克服固体润滑剂引起的力学性能下降的缺陷。

许多新开发的制备工艺也是为了寻求更高含量的润滑剂，同时又能使复合材料维持较好的力学性能。本章接下来将讨论添加碳基和 MoS_2-h-BN-WS_2-CaF_2-BaF_2 润滑剂的 SLMMC 的摩擦学特性，并特别关注第三体对这些材料性能的影响。

2.2 铝基复合材料

伴随着节能减排、低维护系统工程领域对于轻质、高强度材料日益增加的需求，铝合金成为材料设计师关注的热门材料[19]。铝合金和铝基复合材料(Aluminum Matrix Composite, AMC)具有优异的性能，如高比强度[20]、耐腐蚀性[21]、良好的导热性[22]、低电阻率[23]、高阻尼性能[24]等，使其在航空航天、船舶、汽车等领域的发动机、缸体、活塞、活塞环[25]等零部件中，获得了越来越多的应用。由于优异的耐磨性和抗咬合性，AMC 也是铸铁和青铜合金的最佳替代品。

通常，石墨颗粒增强铝基复合材料的摩擦学性能优于陶瓷颗粒(如 Al_2O_3 和

SiC)增强铝基复合材料[25]。与未增强的合金基体相比,由于石墨颗粒的加入,其摩擦系数和磨损率会明显降低[28]。Ames 等人研究了添加石墨对复合材料磨损状态的影响,结果表明,在高法向载荷作用下,石墨增强复合材料没有表现出严重的磨损,仍处于轻度磨损状态,而未增强合金基体材料却表现为严重磨损状态。产生这种磨损差异现象的原因是滑动过程中有摩擦膜的形成,它可以在接触面之间提供充分的润滑(图 2.2)。

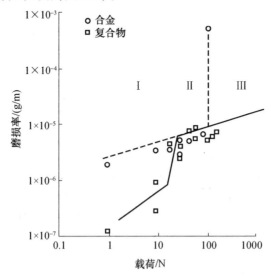

图 2.2 石墨颗粒对金属基复合材料磨损转折点的影响
(摘自:Ames, W. and Alpas, A., *Metall. Mater. Transac. A.*, 26, 85−98, 1995)

影响复合材料摩擦学性能的主要因素是增强相类型[30]、粒径尺寸[31]、体积分数[31]、分布状态[32]以及复合材料的制备工艺。从Al−石墨复合材料的力学性能角度分析,除载荷和滑动速度等参数外,基体与石墨的界面也是影响其力学性能和摩擦学行为的重要因素[33,34]。

石墨含量对复合材料摩擦系数和磨损率的影响如图 2.3(a)和(b)所示。从图中可知,Al−石墨自润滑复合材料的摩擦系数和磨损率随石墨含量的增加而减少[35−40]。由于随着石墨含量的增加,界面处的润滑膜厚度增加,从而减少了对摩件与基体的接触,对于摩擦磨损性能影响显著[39,41]。这是因为在复合材料滑动表面间的石墨颗粒受剪切形成润滑薄膜,润滑薄膜降低了次表层区域的剪切应力和塑性变形,避免了金属与金属的直接接触。同时,该润滑层还充当了两个滑动表面之间固体润滑剂的角色[42]。

图 2.4 为未增强铝合金和石墨增强铝复合材料的磨损表面。对比含质量分

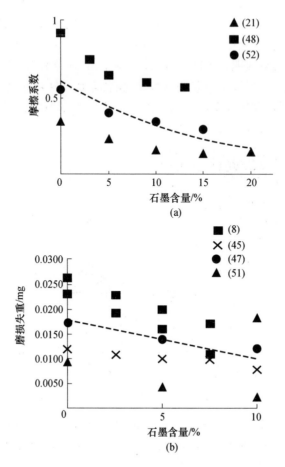

图 2.3 石墨含量对复合材料摩擦学性能的影响

(a)摩擦系数(摘自:Akhlaghi, F. and Pelaseyyed, S. A. , *Mater. Sci. Eng. A.* , 385, 258 - 266, 2004; Akhlaghi, F. and Zare-Bidaki, A. , *Wear*, 266, 37 - 45, 2009; Akhlaghi, F. and Mahdavi, S. , *Ad. Mater. Res.* ,264 - 265, 1878 - 1886, 2011);(b)磨损失重(摘自:Ravindran, P. et al. , *Mater. Des.* , 51,448 - 456, 2013; Shanmughasundaram, P. and Subramanian, R. , *Ad. Mater. Sci. Eng.* , 1 - 8,2013; Ravindran, P. et al. , *Ceramics Inter.* , 39, 1169 - 1182, 2013)。

数为5%、10%、20%的石墨(图2.4(b)~(d))与未增强铝合金(图2.4(a))的磨损表面,可见复合材料表面的沟槽明显小于未增强铝合金表面。未增强铝合金的滑动面上出现了较深的磨痕,这是严重塑性变形导致的结果。此外,复合材料表面出现了石墨摩擦膜,摩擦膜厚度随复合材料中石墨含量的增加而增加。该石墨摩擦膜作为保护层,避免了复合材料表面与对偶件表面直接接触,有效降低了石墨颗粒增强的铝基复合材料的摩擦系数[42,45]。

通常,Al-石墨复合材料的磨损率和摩擦系数随载荷增大而增大[35,37-39,41,46-51],

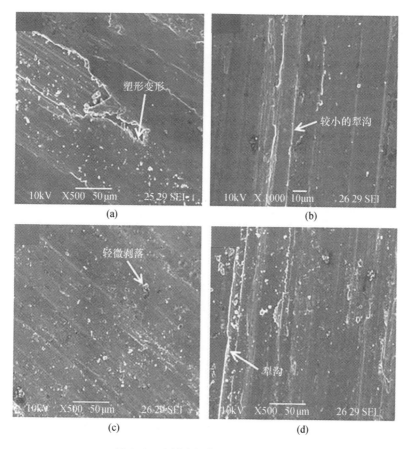

图 2.4　试样磨损表面的 SEM 图像

(摘自:Baradeswaran, A. and Perumal, A. E., *Composites*: *Part B*, 56, 464 - 471, 2014)

(a)未增强铝 A7075；(b)A7075-5% 石墨；(c)A7075-10% 石墨；(d)A7075-20% 石墨。

如图 2.5(a)和(b)所示。在较高法向载荷时,由于塑性变形较大,磨损率增大,从而产生分层剥落磨损。图 2.6 为不同法向载荷下磨损表面的扫描电子显微镜(Scanning Electron Microscope,SEM)图像,用于分析其磨损性质及机理。低载荷下的主要磨损机理是黏附磨损,随着载荷的增加,接触面上的沟槽变深。在较高的法向载荷下,当颗粒的断裂强度小于施加的应力时,其主要的磨损机制是分层剥落的[46]。而在非常高的载荷下,材料的塑性流动成为主导,大面积的塑性变形导致了严重的磨损,这是高载荷下产生严重磨损的关键原因[48]。一般情况下,沿滑动方向的所有表面均可看到平行的犁沟和划痕[39]。图 2.7 给出了嵌入石墨材料磨损特性的转折点。合金材料的转折点发生在 40N 载荷时,即进入严重磨损状态。然而,Al2219-5SiC-3Gr 的复合材料的转折点出现在 50N 载荷处,而 Al2219-15SiC-3Gr 复合材料在 60N 法向载荷时没有观察到严重的磨损区域[46]。

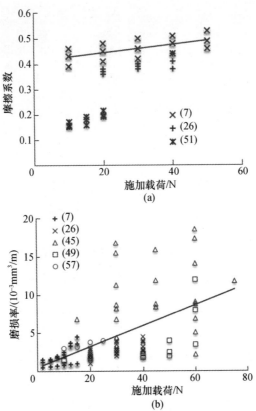

图 2.5 施加载荷对复合材料摩擦学性能的影响

(a)摩擦系数(摘自:Ravindran, P. et al., *Ceramics Inter.*, 39, 1169-1182, 2013; Srivastava, S. et al., *Inter. J. Mod. Engi. Res.*, 2, 25-42, 2012; Radhika, N. et al., *Indus. Lub. Tribol.*, 64, 359-366, 2012);(b)磨损率(摘自:Suresha, S. and Sridhara, B. K., *Comp. Sci. Technol.*, 70, 1652-1659, 2010;Srivastava, S. et al., *Inter. J. Mod. Engi. Res.*, 2, 25-42, 2012; Basavarajappa, S. et al., *J. Mater. Engi. Perfor.*, 15, 668-674, 2006; Radhika, N. et al., *Indus. Lub. Tribol.*, 64, 359-366, 2012;Baradeswaran, A. and Elayaperumal, A., *Ad. Mater. Res.*, 287-290, 998-1002, 2011)。

通常,如果添加材料的体积分数不变,当减小所添加颗粒的尺寸时,会影响复合材料强度、延展性、可加工性和断裂韧性[52-55]。虽然很少有石墨粒度对摩擦学性能的影响研究,但对其力学性能的影响有较多研究[35,42,45,56-59]。Jinfeng 等人[60]以恒定体积分数研究了不同粒径(平均直径:1μm 和 20μm)石墨颗粒对 Al-SiC-Gr 混合复合材料磨损失重的影响,如图 2.8 所示。结果表明,

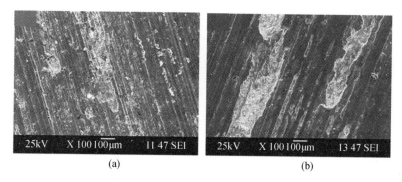

图 2.6 复合材料(Al-9% Al_2O_3-3% Gr)磨损表面的 SEM 图像
(摘自:Radhika, N. et al., *Indus. Lub. Tribol.*, 64, 359-366, 2012)
(a)载荷=20N,且 v=1.5m/s;(b)载荷=40N,且 v=1.5m/s。

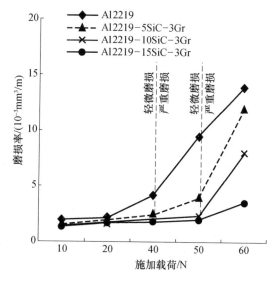

图 2.7 滑动速度为 3m/s,滑动距离为 5000m 时磨损率随施加载荷的变化
(摘自:Basavarajappa, S. et al., *J. Mater. Engi. Perfor.*, 15, 668-674, 2006)

Al-SiC-Gr 复合材料的磨损失重量随着石墨粒径的增加逐渐减少,从石墨粒径 1μm 时 2.7mg 的磨损失重,减少到石墨粒径 20μm 时 1.4mg 的磨损失重,因此,石墨颗粒越小,Al-SiC-Gr 复合材料的耐磨性越差。

石墨增强铝基自润滑复合材料的最大缺点是力学性能低。如图 2.9 所示,随着基体中石墨含量的增加,石墨增强的 AMC 力学性能下降[36,42-43]。为了减少石墨颗粒对复合材料力学性能的影响,常使用如下两种方法:①使用含有陶瓷颗粒和石墨颗粒混合的铝基复合材料;②嵌入碳纳米管和纳米石墨以及石墨烯等纳米尺度的碳材料[61]，以改善复合材料的力学、电气和摩擦学性能。

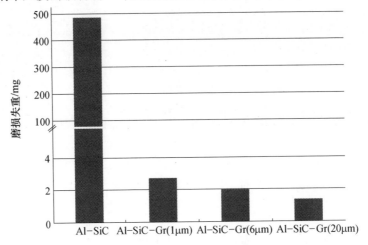

图 2.8　Al-SiC 和 Al-SiC-Gr 复合材料的磨损失重
（摘自：Jinfeng, L. et al., *Rare Metal Mater. Engi.*, 38, 1894-1898, 2009.）

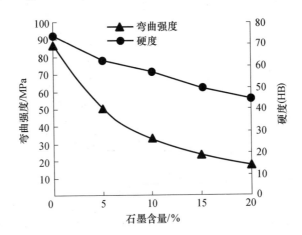

图 2.9　石墨含量对铝基复合材料力学性能的影响
（摘自：Akhlaghi, F., Zare-Bidaki, A., *Wear*, 266, 37-45, 2009）

以往的研究表明，由于碳纳米管（Carbon Nanotubes，CNT）的润滑特性，金属-CNT复合材料具有优异的摩擦学性能。与石墨类似，CNT 在滑动过程中可以在接触面之间形成润滑膜，减少直接接触。同时，CNT 与金属之间存在较弱的范德华力，使相对运动表面间可以毫不费力地进行滑动或滚动，也能有效减少表面之间的直接接触，降低复合材料的摩擦系数。此外，由于 CNT 在接触面之间起到了间隔垫片的作用[62]，避免了表面粗糙峰之间的直接接触，复合材料的耐磨性也获得提高。一般情况下,金属-CNT自润滑复合材料中增强相的含量、尺寸、空间分布等材料参数对其摩擦学性能有直接影响[61,63]。

Zhou 等人[64]研究了Al-Mg-多壁碳纳米管(MWCNT)的力学和摩擦学性能。如图2.10(a)所示,在Al-Mg合金中加入MWCNT后,复合材料的硬度较未

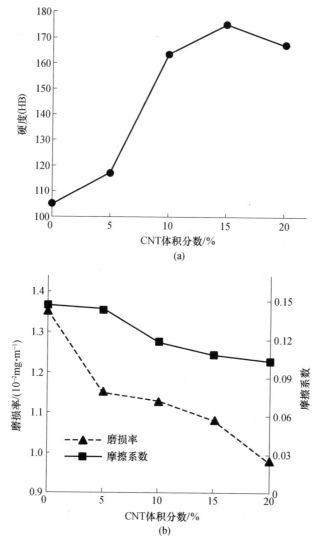

图2.10 MWCNT含量对Al-Mg-MWCNT复合材料性能的影响,
磨损条件为:施加载荷30N,滑动速度1.57m/s
(摘自:Zhou, S.-M. et al., *Composites*: *Part A*, 38, 301, 2007)
(a)布氏硬度(HB);(b)摩擦系数及磨损率。

增强的铝合金有所提高,且随着 MWCNT 体积分数的增加,复合材料的硬度呈先上升后降低的趋势。

MWCNT 体积分数对复合材料摩擦系数和磨损率的影响如图 2.10(b)所示。含有高体积分数 MWCNT 的复合材料,其摩擦系数和磨损率也会降低。接触面的 X 射线衍射分析表明,磨损颗粒主要为 Al_2O_3。在磨损过程中,由于氧化膜与铝基体之间的附着力较低,在接触表面间形成的层状氧化膜逐渐断裂脱落。又由于接触表面的氧化物颗粒比铝基体更硬,随之发生了磨料磨损。随着铝基体在滑动过程中的逐渐磨损,原先嵌在基体中的 CNT 被拖拽出来,暴露于接触表面上,在磨损面形成润滑膜。与未增强的铝合金相比,这些固体润滑膜显著减少了氧化物颗粒引起的黏着磨损。

Choi 等人[65]研究了包括法向载荷和滑动速度在内的试验参数对铝基复合材料摩擦学性能的影响,图 2.11 给出了施加载荷和滑动速度对摩擦系数和磨损失重的影响。研究表明,在 0.12m/s 的恒定滑动速度下,铝体积分数为 4.5% MWCNT 复合材料的摩擦系数和磨损失重随法向载荷的增加而增加,但摩擦系

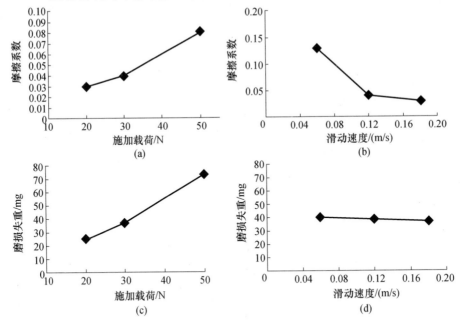

图 2.11 4.5% MWCNT-Al 复合材料的摩擦系数和磨损失重
(摘自:Choi, H. J. et al., *Wear*, 270, 12, 2010)
(a)在滑动速度为 0.12m/s 时,摩擦系数随载荷的变化情况;(b)在载荷为 30N 时,摩擦系数随滑动速度的变化情况;(c)在滑动速度为 0.12m/s 时,磨损失重随载荷的变化情况;(d)在载荷 30N 时,磨损失重随滑动速度的变化情况。

数始终低于0.1。在较高的载荷作用下,摩擦系数和磨损失重均较大,表面损伤严重。此外,在30N恒定载荷下,随着滑动速度的增加,摩擦系数和磨损失重均有所降低。

Ghazaly 等人[66]合成了 AA2124/石墨烯纳米复合材料,并研究了石墨烯质量分数(0.5%、3% 和 5%)对其力学和摩擦学性能的影响。在干摩擦试验条件下,由 3% 石墨烯增强的复合材料的摩擦学性能优于未增强的及其他含量石墨烯增强的纳米复合材料,如图 2.12 所示。SEM 分析表明,在试样的磨损表面,均发现有纵向沟槽(图 2.13)。但是,相互对比发现,AA2124-3% 石墨烯纳米复合材料表面划痕和剥落的磨屑尺寸最小,比其他材料的磨损表面更加光滑。纯 AA2124 合金的磨损程度严重,而 AA2124-3% 石墨烯纳米复合材料的磨损程度较轻。由于微犁削作用,AA2124-0.5% 和 5% 石墨烯纳米复合材料的磨损表面形成了浅的平行沟槽和凸脊,其主要的磨损机理是基体的严重塑性变形,故磨损率较高。

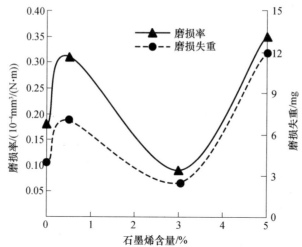

图 2.12 磨损率和磨损失重随 AA2124 基质中石墨烯含量的变化情况
(摘自:Ghazaly, A. et al., *Light Metal.*, 2013, 411 -415, 2013)

在高倍显微镜下,AA2124 合金的磨损表面含有磨屑,而纳米复合材料的磨损表面没有磨屑,如图 2.14 所示。磨屑的主要来源是氧化铝膜碎片或应变硬化的颗粒,接触面上的磨屑主要由分离出的固结粉末形成。此外,AA2124-3% 石墨烯复合材料表面被润滑膜覆盖,由于润滑膜的柔软性,易于降低摩擦系数和磨损率,其表面沿滑动方向沟槽较浅,损伤轻微。而 AA2124-5% 石墨烯复合材料表面沟槽较深,损伤严重,即 AA2124/5% 石墨烯的磨损率较高,材料质量损失明显。

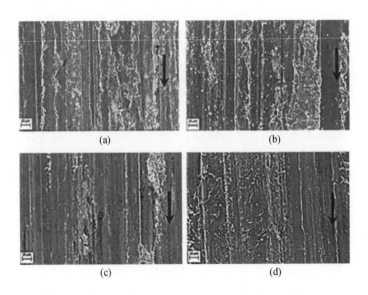

图 2.13 不同石墨烯含量的 AA2124 纳米复合材料磨损表面的 SEM 显微照片
（摘自：Ghazaly, A. et al., *Light Metal.*, 2013, 411–415, 2013）
(a)未增强；(b)0.5% 石墨烯；(c)3% 石墨烯；(d)5% 石墨烯。

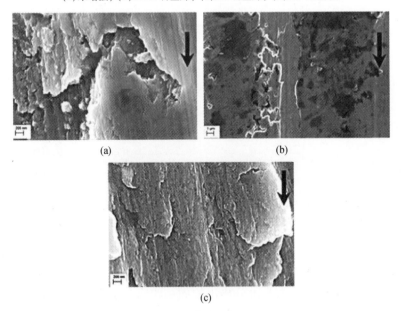

图 2.14 不同石墨烯含量的 AA2124 纳米复合材料磨损表面的高倍 SEM 显微照片
（摘自：Ghazaly, A. et al., *Light Metal.*, 2013, 411–415, 2013）
(a)未增强；(b)3% 石墨烯；(c)5% 石墨烯。

Zamzam[67]合成了 Al-3Cr、Al-5MoS$_2$ 和 Al/3Cr-2MoS$_2$,并在挤压和退火两种不同的条件下进行了样品测试。图 2.15 对比了不同固体润滑剂增强的复合材料的磨损失重情况,并分析了退火条件对磨损失重的影响。挤压试样的摩擦学性能优于退火后的试样,退火产生负作用的原因是在 573 °F 下 MoS$_2$ 发生氧化形成 MoO$_3$,而石墨在 723 °F 才发生氧化形成 CO 和 CO$_2$。

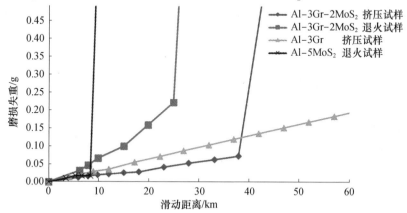

图 2.15　固体润滑剂类型对铝基复合材料磨损失重的影响
(摘自:Zamzam, M., *Mater. Transac.*, *JIM*, 30, 516 - 522, 1989)

此外,石墨增强铝的耐磨性优于 MoS$_2$ 增强铝。Al-MoS$_2$ 和 Al-Gr-MoS$_2$ 分别在滑动距离 8 km 和 38 km 处表现出从轻度磨损到重度磨损的转折过渡,而 Al-Gr 在滑动距离 60 km 以内没有出现任何失效和严重磨损。这一现象可归因于接触表面温度的升高和固体润滑剂的氧化。当氧化发生时,Al-MoS$_2$ 产生严重的磨损,如销试件显而易见的失效状态。而石墨的氧化温度较高,其稳定性比 MoS$_2$ 好,可延缓复合材料失效。

Dharmalingam 等人[68]制备了硬质 Al$_2$O$_3$(粒径 10 ~ 20μm)和软质 MoS$_2$(粒径 1.5μm)强化的 Al-Si$_{10}$Mg 复合材料,其中氧化铝的体积分数为 5%,MoS$_2$ 的体积分数在 2% ~ 4% 之间变化。同时,研究了 MoS$_2$ 体积分数、外加载荷和滑动速度对复合材料性能的影响。图 2.16 显示,在施加 30N 载荷和 4m/s 滑动速度下,添加 4% MoS$_2$ 复合材料的体积磨损量最低。由图 2.17 可知,在 10N 外加载荷和 4m/s 滑动速度下,添加 4% MoS$_2$ 复合材料的摩擦系数也最低。

通过复合材料试样磨损表面的 SEM 图分析可知,4% MoS$_2$ 增强的复合材料,在 10N 外加载荷和 4m/s 滑动速度下,塑性变形较少,细沟槽清晰可见,如图 2.18(a)所示。反之,在较高的载荷(50N)和相同的滑动速度(4m/s)下,4% MoS$_2$ 增强的复合材料磨损表面的沟槽变深变宽,沟槽边缘塑性变形较大,如图

2.18(b)所示。许多研究者认为,铝基复合材料滑动干摩擦的主要磨损机理是氧化磨损。在恒定的载荷作用下,随着复合材料中 MoS_2 含量的增加和滑动速度的提高,摩擦表面上的 MoS_2 增加,从而降低了磨损率和摩擦系数。

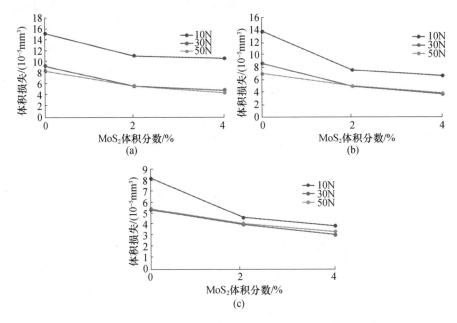

图2.16　不同滑动速度下,$Al-Si_{10}Mg-Al_2O_3-MoS_2$ 复合材料
在不同载荷下体积损失与 MoS_2 体积分数的关系(见彩图)

(摘自:Dharmalingam, S. et al., J. Mater. Engi. Perfor., 20, 1457-1466, 2011)

(a)2m/s;(b)3m/s;(c)4m/s。

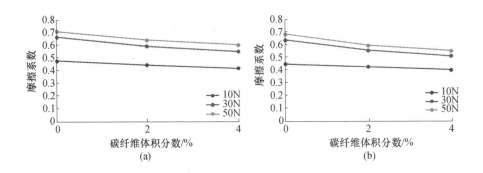

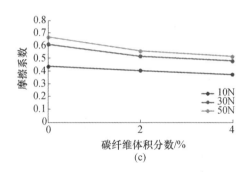

图 2.17　不同滑动速度下,Al – Si_{10}Mg-Al_2O_3-MoS_2 碳纤维复合材料在
不同载荷下摩擦系数与碳纤维体积分数的关系(见彩图)
(摘自:Dharmalingam, S. et al., *J. Mater. Engi. Perfor.*, 20, 1457 – 1466, 2011)
(a)2m/s;(b)3m/s;(c)4m/s。

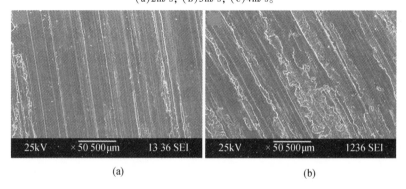

图 2.18　在 4 m/s 滑动速度下,Al-5% Al_2O_3-4% MoS_2 磨损表面的 SEM 图像
(摘自:Dharmalingam, S. et al., *J. Mater. Engi. Perfor.*, 20, 1457 – 1466, 2011)
(a)10N;(b)50N。

2.3　铜基复合材料

固体润滑剂增强铜基复合材料具有导热性好、电导率高、热膨胀系数小等优点,既能保持铜的固有性能,还有一定的自润滑特性,被广泛用作工业领域接触电刷和轴承材料。尤其在低电压、高电流密度的情况下,如焊接机的滑动部件,需要使用电导率非常高、导热性好、摩擦系数低的材料,铜/石墨复合材料是满足这些要求的最佳材料。

Moustafa 等人[69]采用销环式摩擦学试验机进行磨损试验,研究了粉末冶金法制备的石墨质量分数含量分别为 8%、15% 和 20% 的 Cu-石墨复合材料在不同法向载荷(50~500N)下的磨损率。图 2.19 为 Cu-石墨复合材料与纯铜在不同法向载荷下的体积磨损率。在 200N 法向载荷下 Cu-石墨复合材料的磨损率比烧结铜低,原因是磨损试样的接触面存在一层镀覆的石墨,这一层石墨是在滑动过程中由销表面挤压出的石墨生成的。这种润滑层起着固体润滑剂的作用,从而降低了磨损率。含 8% 和 15% 石墨的复合材料能承受最高 450N 的法向载荷,而含 20% 石墨的复合材料能承受 500N 的法向载荷。

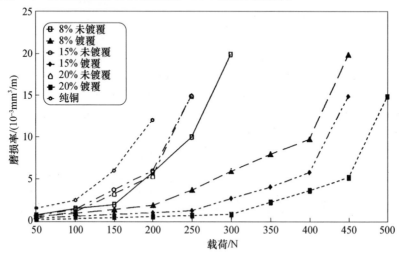

图 2.19　纯铜、未镀覆石墨和镀覆石墨铜基复合材料的磨损率随载荷的变化关系
(摘自:Moustafa, S. et al.,*Wear*, 253, 699 - 710, 2002)

图 2.20 为纯铜、镀覆石墨铜基复合材料和未镀覆石墨铜基复合材料在不同负载下的摩擦系数变化曲线,可见石墨对复合材料摩擦系数的影响也很大。因为滑动试样的磨损表面存在石墨层,石墨层起着固体润滑剂的作用,摩擦系数较小;且随着石墨含量的增加,摩擦系数降低。此外,镀覆石墨铜基复合材料比未镀覆石墨铜基复合材料具有更低的摩擦系数。

在石墨含量较高时,可观察到较厚、较致密的润滑膜层,由此可知,在所有镀覆石墨铜基复合材料中增加石墨的体积分数,磨损率都有显著降低。而且,由于镀覆层与铜基体之间相容性好,材料结合力比未镀覆石墨铜基复合材料更高,也更致密。而石墨和铜基体之间的结合键较弱,在滑动磨损试验中,导致膜层较快被磨损去除和再次生成,所以石墨体积分数相当的铜-未镀覆石墨复合材料的磨损率和摩擦系数均高于铜-镀覆石墨复合材料。

Zhao 等人[70]研究了石墨对铜基体性能的影响,并通过 SEM 和 X 射线能量散射(Energy Dispersive X-ray,EDX)分析,试图找出其磨损原因及机理,其摩擦系数和磨损率的测试结果如图 2.21 所示。铜基自润滑复合材料的摩擦系数和

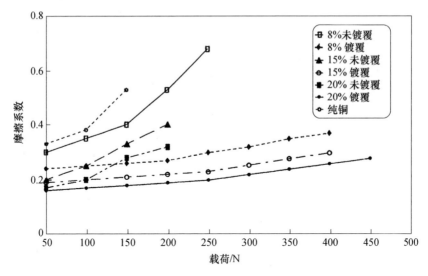

图 2.20 施加载荷对纯铜、镀覆石墨铜基复合材料和未镀覆石墨铜基复合材料摩擦系数的影响

(摘自:Moustafa, S. et al., *Wear*, 253, 699-710, 2002)

磨损率随石墨体积分数的增加而减小。由于石墨是六边形层状结构,因此在试验载荷作用下,层间很容易发生滑移。滑移后石墨黏附在磨损表面,并在磨损表面形成自润滑固体膜层,因此减少了金属与金属之间的直接接触,将其转变为石墨膜层与金属之间的接触或石墨膜层与石墨膜层之间的接触,使得 Cu-石墨复合材料的耐磨损性能大大优于纯铜材料。

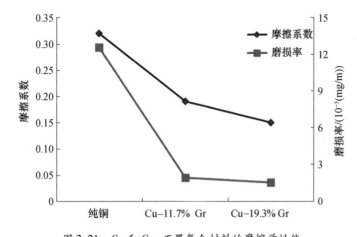

图 2.21 Cu 和 Cu-石墨复合材料的摩擦学性能

(摘自:Zhao, H. et al., *Compos. Sci. Technol.*, 67, 1210-1217, 2007)

图 2.22(a)和(b)分别为纯铜和 Cu-石墨复合材料磨损表面的 SEM 和 EDX 分析结果。当较硬的材料(圆盘)接触到对摩件表面的某些粗糙峰时,在纯铜销试样的表面会发生黏附现象,而 Cu-石墨复合材料表面的黏附较少,分裂产生的碎片也较少。黏附现象阻碍了纯铜销与圆盘之间的滑动,造成摩擦系数增大,磨损量增加,且黏附区附近还观察到了塑性变形,表面形成了微裂纹和孔洞[71]。随着微裂纹的扩展,磨损表面将产生大量铜屑,如图 2.22(a)所示。

而 Cu-石墨复合材料磨损表面塑性变形和沿滑动方向的犁沟均较少,如图 2.22(c)所示。在摩擦表面形成的石墨薄膜使圆盘与铜基体之间的接触,变为圆盘与石墨薄膜之间的接触。而且石墨膜层间黏结性较弱,润滑膜会在圆盘磨损表面上分布,磨损机理转变为分层剥落磨损。此外,与纯铜对摩的圆盘表面存在铜屑,而与复合材料对摩的圆盘上没有产生明显的材料迁移。

关于磨损表面 O 含量的 EDX 分析也表明,二者均发生了轻微的氧化磨损,如图 2.22(b)、(d)所示。与纯铜相比,复合材料磨损表面的 Fe 和 O 含量有所

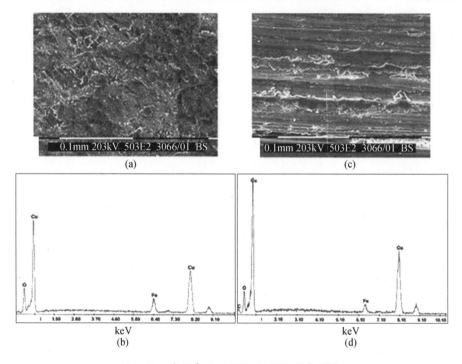

图 2.22 磨损表面的 SEM 和 EDX 分析谱线
(摘自:Zhao, H. et al., *Compos. Sci. Technol.*, 67, 1210 – 1217, 2007)
(a)纯铜磨损表面的 SEM;(b)纯铜磨损表面 EDX 分析谱线;(c)Cu/石墨复合材料磨损表面的
SEM 显微照片;(d)Cu/石墨复合材料磨损表面 EDX 分析谱线。

下降,如图 2.22(d)所示,可见石墨颗粒不仅提高了材料的减摩性能,还减少了氧化磨损。

在同样一项有关嵌入石墨改善铜基体摩擦学性能的研究中,Kovacik 等人[63]研究了石墨含量在 0%~50% 体积分数之间变化时,对复合材料摩擦学性能的影响。由于石墨具有良好的润滑性能,因此在铜基复合材料中嵌入较小体积分数的石墨,即可显著改善铜基复合材料的摩擦系数,直至达到临界点。研究证实,随着石墨浓度的增加,复合材料的摩擦系数和磨损率降低,达到临界点后,摩擦系数与石墨体积分数无关(图 2.23)。对于金属基复合材料,石墨含量临界点并不是 20% 左右[72],在很大程度上还取决于基质和强化相。例如,对于包覆的细石墨粉(粒径 16μm)复合材料,临界点是 12%,而对于未包覆的粗石墨粉(粒径 25~40μm)复合材料临界点是 23%[69]。

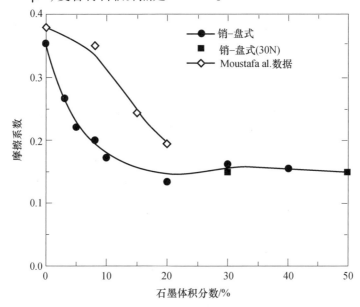

图 2.23 未包覆和包覆 Cu-石墨复合材料在 100N 作用力下的摩擦系数
(摘自 Kovacik, J. et al., *Wear*, 256, 417-421, 2008)

对于包覆石墨,据报道临界点可大于 25%,其原因是在石墨体积分数较低时,表面只能形成不连续的石墨薄膜,而随着石墨体积分数的增加,石墨的分离程度降低,石墨薄膜变得均匀,并覆盖在销试件的整个表面区域,由此在接触面之间形成富石墨的机械混合层(Mechanical Mixing Layer, MML)。MML 中大量的石墨可以降低近表面区域的剪切强度,从而降低摩擦系数和磨损率。通过对未包覆石墨复合材料和包覆石墨复合材料的比较,可以看出包覆石墨复合材料避免了石墨颗粒之间的黏结,减少了石墨颗粒的团聚,石墨相具有更小的尺寸和粒子间的平均距离。所以,在石墨体积分数较低时,包覆石墨复合材料的摩擦系数与未包覆石墨复合材料相比显著降低。

Moustafa 等人[69]通过研究不同载荷下被测销表面和次表层的微观结构变化(图 2.24 和图 2.25),以及磨屑的形貌(图 2.26 和图 2.27),描述了纯铜和 Cu-石墨复合材料在不同载荷下的磨损机理。这两类材料在低载荷的磨损状态

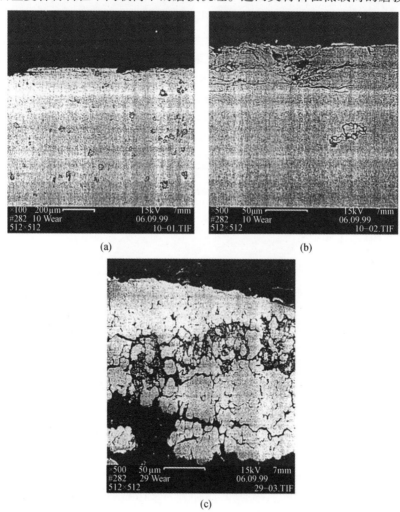

图 2.24 烧结铜磨损表面和次表层微观结构变化的显微照片
(摘自:Moustafa, S. et al., *Wear*, 253, 699-710, 2002)
(a)轻度磨损;(b)中等磨损;(c)严重磨损。

下均可以检测到内部结构非常小的塑性变形,主要的磨损机理是氧化磨损。由于石墨的存在,因此二者的磨损机理也存在差异。由于 Cu 的大气氧化特性,表面存在一定量的 Cu_2O(图 2.24(a)),而复合材料表面为含有石墨颗粒和 Cu_2O 的松散薄膜(图 2.25(a)),磨屑均为少量细小的等轴颗粒碎片(图 2.26(a)和图 2.27(a))。

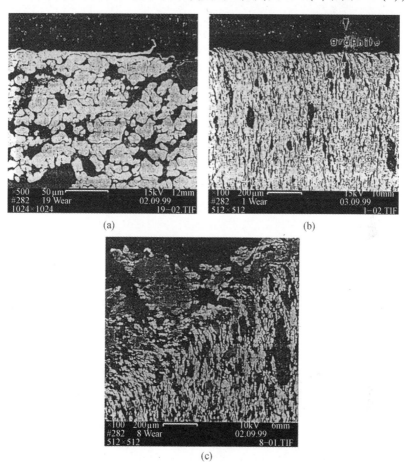

图 2.25　包覆或未包覆 Cu-石墨复合材料磨损表面和次表层微观结构变化的显微照片
(摘自:Moustafa, S. et al., *Wear*, 253, 699-710, 2002)
(a)轻度磨损;(b)中等磨损;(c)严重磨损。

在中等载荷下,纯铜试样磨痕的中心区域观察到相当大的次表层结构变形(图 2.24(b)),在表面和次表层可观察到破碎状磨屑形成的较大混合层(图 2.26(b));而铜基复合材料磨损表面覆盖着石墨润滑膜(40～200μm,图 2.25(b)),表面和次表层形成致密的颗粒状铜和破碎状石墨磨屑(图 2.27

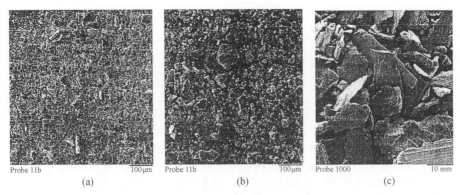

图 2.26　烧结铜磨损碎片的显微照片
(摘自:Moustafa, S. et al., Wear, 253, 699 – 710, 2002)
(a)轻度磨损；(b)中等磨损；(c)严重磨损。

(b))。在严重磨损状态下,三种材料的接触表面和次表层均存在大量的变形、破碎磨屑和若干凹槽(图 2.24(c)和 2.25(c))。在这种情况下,纯铜及 Cu-石墨复合材料都会产生较大且尖锐的磨损碎屑(图 2.26(c)和图 2.27(c))。

图 2.28 为载荷对钝铜和含不同质量分数 SiC 和石墨的铜基复合材料摩擦系数的影响。显然,摩擦系数随着载荷的增大而减小,当载荷增加到 30N 及更高时,摩擦系数基本保持不变。这是由于铜基体在严重变形下变得更加柔软,延展性增加,铜金属薄膜易于转移到对偶盘上,并且该薄膜阻止了试样与对偶盘之间的直接接触,使得摩擦系数降低。此外,Cu-石墨复合材料的摩擦系数最低,Cu-SiC 复合材料的摩擦系数最高,而 Cu-SiC-石墨复合材料的摩擦系数介于二者之间。

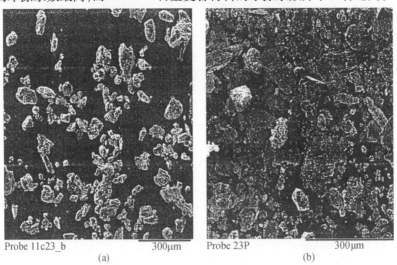

图 2.27 包覆或未包覆铜石墨复合材料磨损碎屑的微观结构变化的显微照片
(摘自:Moustafa, S. et al., *Wear*, 253, 699-710, 2002)
(a)轻度磨损;(b)中等磨损;(c)严重磨损。

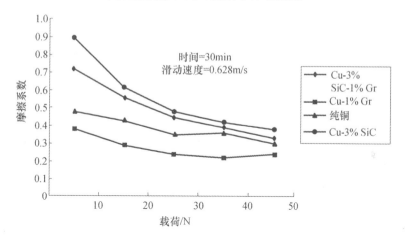

图 2.28 Cu 和 Cu-SiC-石墨的摩擦系数随载荷的变化曲线
(摘自:Ramesh, C. et al., *Mater. Des.*, 30, 1957-1965, 2009)

石墨的加入对铜基复合材料的力学性能有一定的负面影响,最好的选择是使用纳米尺寸石墨颗粒来减小微米尺寸颗粒的影响。Rajkumar 等人[74]研究了体积分数为 5%~20% 纳米石墨颗粒增强的铜纳米复合材料的摩擦学性能,其中,纳米石墨的平均粒径为 35nm。微米、纳米石墨颗粒在不同体积分数下,摩擦系数和磨损率随法向载荷的变化分别如图 2.29 和图 2.30 所示。从图 2.29 和图 2.30 可知,磨损率和摩擦系数均随着外加载荷的增加而增加。在体积分数为

15%的情况下,纳米级石墨颗粒增强复合材料比微米级石墨颗粒增强复合材料具有更高的硬度、更低的孔隙率和更细的微观结构,摩擦系数也更低。因此,与微米级石墨颗粒增强复合材料相比,纳米级石墨颗粒增强复合材料的自润滑性能更佳。

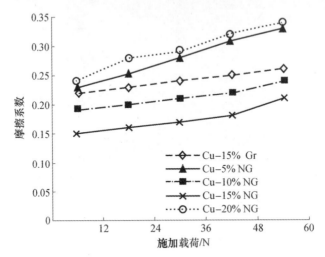

图 2.29　在滑动速度为 0.77m/s 时摩擦系数随载荷的变化曲线
(摘自:Rajkumar, K. and Aravindan, S., *Tribol. Inter.*, 57, 282, 2013)

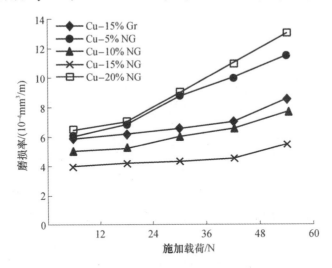

图 2.30　在滑动速度为 0.77m/s 工况下复合材料磨损率随法向载荷的变化曲线
(摘自: Rajkumar, K. and Aravindan, S., *Tribol. Inter.*, 57, 282, 2013)

此外,纳米石墨的体积分数会影响铜基自润滑复合材料的摩擦学性能。随着纳米石墨用量的增加,摩擦系数和磨损率均降低。相关分析认为,摩擦系数和磨损率下降的原因是形成了一种更有效、更均匀的润滑膜,该润滑膜有助于减少铜基复合材料与钢对偶面之间的金属接触。相反,当纳米石墨含量较高时(体积分数为20%),会发生团聚,导致石墨在接触区扩散不完全,从而使摩擦系数和磨损率增大。

也有学者研究了不同固体润滑剂对铜基复合材料摩擦学性能的影响。例如,Chen 等人[75]研究了石墨和六方 BN 两种不同固体润滑剂对铜基复合材料摩擦学性能的影响。石墨增强铜基复合材料的质量分数分别为 0%、2%、5%、8%、10%,对应的六方 BN 的质量分数分别为 10%、8%、5%、2%、0%。图 2.31 为不同法向载荷下复合材料摩擦系数和磨损率的变化情况,结果表明,石墨的润滑效果优于六方 BN,石墨含量越高的复合材料磨损率和摩擦系数越低。

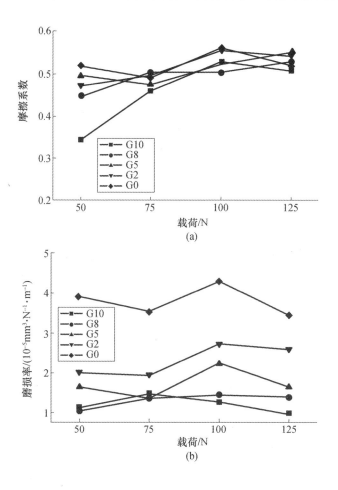

样品名称	石墨(粒径30μm,纯度99%)	BN(粒径0.65~11.38μm,纯度99%)	SiC(粒径75~150μm,纯度98.5%)	Sn+Al+Fe(粒径75~150μm,纯度98%)
G0	0	10	6	18
G2	2	8	6	18
G5	5	5	6	18
G8	8	2	6	18
G10	10	0	6	18

图 2.31　各种铜基复合材料随载荷变化的摩擦学性能
(摘自:Chen, B. et al., *Tribol. Inter.*, 41, 1145-1152, 2008)
(a)摩擦系数;(b)磨损率。

图 2.32 为石墨和六方 BN 的晶体结构[76],在晶体结构的相邻层间可以观察到石墨中的碳-碳键和六方 BN 中的硼-氮键。与石墨层相比,B 原子和 N 原子之间的强电偶极子使得六方 BN 层间的范德华力更强,因此,六方 BN 的界面间距小于石墨的界面间距,六方 BN 与石墨内部各自相邻的界面层间距分别为 3.33Å 和 3.35Å[77]。这种较短的界面间距导致了六方 BN 晶体结构的强键合,这可能会对铜基复合材料产生不同的润滑效果。石墨层间键合较弱,比六方 BN 更容易发生沿晶体结构基面的剪切,更易于形成致密且连续的摩擦膜,因此含体积分数为 8% 和 10% 的石墨试样的磨损率远低于其他试样(图 2.33)。此外,在磨损过程中被剪切的石墨颗粒比六方 BN 更细小(图 2.34)。

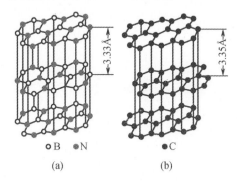

图 2.32　六方 BN 和石墨的结晶结构
(摘自:Rohatgi, P. K. et al., *Inter. Mater. Rev.*, 37, 129-152, 1992)
(a)六方氮化硼;(b)石墨。

Kato 等人[78]的研究发现,添加 MoS_2 后 $Cu-MoS_2$ 复合材料的磨损率显著提高。这是由于 MoS_2 降低了 Cu-石墨复合材料的硬度,高延展性的大量铜转移到

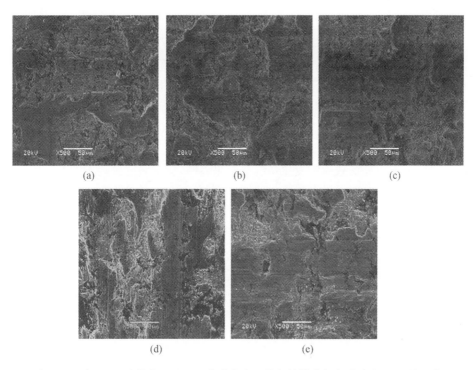

图 2.33 在 100N 载荷和 2.6 m/s 滑动速度下复合材料磨损表面的 SEM 显微照片
(a)G0；(b)G2；(c)G5；(d)G8；(e)G10。

图 2.34 在 100N 载荷和 2.6m/s 滑动速度下铜基复合材料的磨屑
(a)G2；(b)G10。

硬度为 HRC60 的对偶钢盘表面。Kestursatya 等人[79]对 Cu-石墨复合材料的研究也观察到了这种现象。

2.4 镁基复合材料

镁合金以其低密度、高比强度和高刚性、良好的阻尼特性、优良的可加工性和可铸造性,在汽车和航天工业中得到了较多应用。但由于其耐腐蚀性[80]和耐磨性[81]不佳,使其不能像铝合金那样广泛使用。

最常用的镁合金是 AZ91,Qi[82]研究了石墨含量对 AZ91 镁合金基复合材料摩擦磨损特性的影响。图 2.35 为不同石墨颗粒含量复合材料以及基体合金试样的磨损失重随外加载荷的变化情况。结果表明,在相同的试验条件下,含石墨复合材料的耐磨性明显优于基体材料,复合材料试样的磨损质量损失随石墨含量的增加而减小。作者认为,镁合金复合材料在滑动过程中磨损表面逐渐形成连续的黑色润滑膜,有效地限制了复合材料摩擦面之间的直接接触,并显著地延缓了镁合金复合材料由轻度磨损向重度磨损的演化速度。由图 2.36 可知,复合材料的摩擦系数远低于合金基体,石墨含量对试样的摩擦系数有显著影响,即摩擦系数随石墨含量的增加而减小。

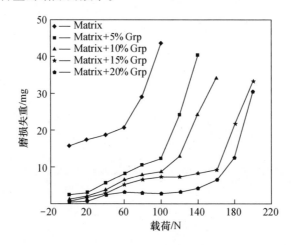

图 2.35 磨损失重与载荷之间的关系

(摘自:Qi, Q. -J., *Transac. Nonferr. Met. Soc. China*, 16, 1135 – 1140, 2006)

由试验结果可知,在较低载荷下,复合材料属于磨损率相对较低的轻微磨损。图 2.37(a)中,EDX 分析显示了 O(质量分数为 39.98%)、Mg(质量分数为 41.42%)、Fe(质量分数为 15.91%)和 Al(质量分数为 3.70%)元素的存在,说明表层由这些元素的混合氧化物组成。随着载荷的增加,试件的次表层破坏程度越来越严重。在 40N 的法向载荷下,增强材料破碎导致了磨料磨损,磨损表

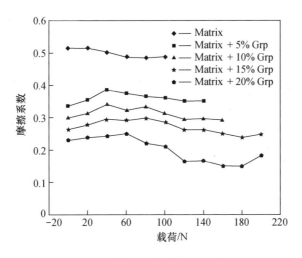

图 2.36　摩擦系数与载荷之间的关系

(摘自:Qi, Q. -J. , *Transac. Nonferr. Met. Soc. China*, 16, 1135 – 1140, 2006)

面出现明显的划痕和凹槽(图 2.37(b))。由此可知该过程中主要的磨损机理是磨料磨损。在法向载荷为 60 ~ 160N 时,滑动面上逐渐形成黑色润滑膜,如图 2.37(c) ~ (e)所示。

在较低的载荷作用下,石墨颗粒容易被基体的塑性流动和碎屑所覆盖,从而抑制石墨的充分扩散,从图 2.37(c)可知,磨损表面只有一部分黑色的润滑膜;而在较高的载荷下,如图 2.37(d)和(e)所示,连续的润滑膜几乎覆盖了整个滑动表面。石墨膜的形成有效地抑制了摩擦副表面金属间的直接接触,改变了摩擦系数、磨损失重与载荷之间的关系,对应载荷下的摩擦系数最低,磨损率增长缓慢。如图 2.38 所示,磨屑分析也表明:在 10N 的法向载荷下,磨损碎片非常细小,此时销表面发生轻微犁削,未发现明显的沟槽,磨损失重也相对较小;而在载荷较高时,磨屑尺寸明显增大。

Zhang 等人[83]研究了石墨颗粒大小对石墨与 Al_2O_3 增强 AZ91-0.8% Ce 复合材料磨损性能的影响。图 2.39 为磨损量随载荷的变化情况,可知,基体中嵌入的石墨起到了润滑剂的作用,降低了磨损量。当石墨粒径在 55 ~ 125μm 之间时,其磨损量相差不大。总体上复合材料的耐磨性随石墨粒度的增大而增大,石墨粒度最大的复合材料耐磨性最好。

这些复合材料在低载荷下的磨损机理都是磨粒磨损和氧化磨损;在高载荷作用下,磨损机理逐渐转变为分层磨损。如图 2.40(b)、(d)、(f)分别是 55μm 粒径的复合材料在不同载荷下的表面磨痕。可知:在 100N 载荷时,复合材料发生了氧化,磨损机理是磨粒磨损和氧化磨损;当测试载荷增加到 180N 时,表面

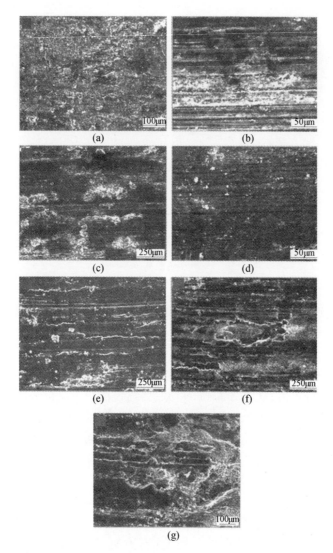

图 2.37 15% 石墨颗粒增强复合材料在不同载荷下磨损表面的形态
(摘自 Qi, Q. -J., *Transac. Nonferr. Met. Soc. China*, 16, 1135 – 1140, 2006)
(a)10N; (b)40N; (c)60N; (d)100N; (e)160N; (f)180N; (g)200N。

磨痕沿滑动方向出现伴随裂纹的大量片状剥落碎屑,石墨颗粒不能保持完整,以薄片形式发生剥落。从图 2.39 也可观察到,此时磨损失重急剧增加,磨损机理转变为分层磨损。

对于石墨粒径 240μm 的复合材料,在 100N 载荷下,磨损表面除了基底的部分区域发生剥落外,与石墨粒径在 55～125μm 之间的磨损机理类似。这是因为

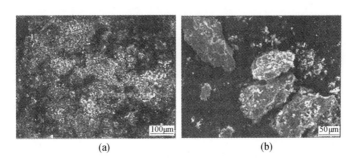

图 2.38　15% 石墨颗粒增强复合材料的磨屑形态
（a）10N；（b）160N。

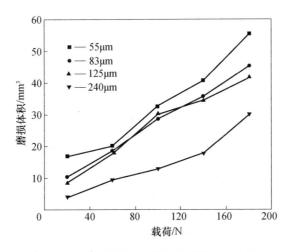

图 2.39　复合材料磨损量随载荷的变化曲线

（摘自：Zhang, M. -J. et al., *Transac. Nonferr. Met. Soc. China*, 18, s273-s277, 2008）

包含 240μm 石墨粒径复合材料的磨损表面出现了裸露的石墨粒子，在低载荷下，这些石墨颗粒减小了复合材料与摩擦盘的实际接触面积；在高载荷下，它被挤出并被涂抹在磨损表面，有利于形成石墨薄膜[84-85]。石墨薄膜具有润滑效果，降低了摩擦系数和磨损量，因此，包含粒径 240μm 石墨微粒的复合材料的磨损机制仍然是磨料磨损和氧化磨损。

Mindivan 等人[86]研究了碳纳米管对镁基自润滑复合材料摩擦学性能的影响。当质量分数为 0.5% 碳纳米管嵌入镁基体时，摩擦系数和磨损率均有显著降低。此外，增加碳纳米管的含量可以进一步降低摩擦系数和磨损率，如图 2.41 所示。碳纳米管的最大有效含量为 2% 和 4%，此时摩擦系数和磨损率最低。

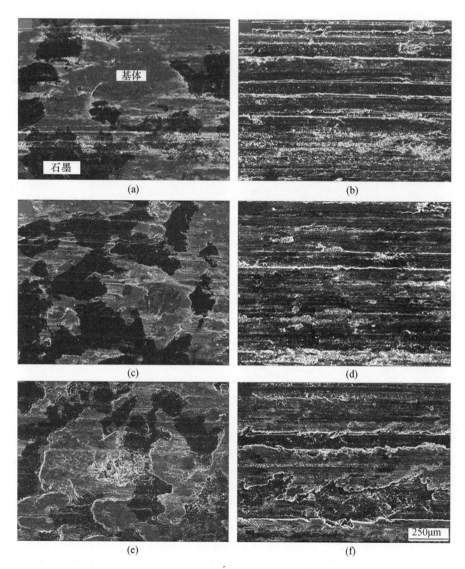

图 2.40 石墨粒径为 240μm 和 55μm 复合材料在不同载荷下磨损表面的 SEM 形貌图
(摘自:Zhang, M. -J. et al., *Transac. Nonferr. Met. Soc. China*, 18, s273 - s277, 2008)
(a)240μm,20N; (b)55μm,20N; (c)240μm,100N;
(d)55μm,100N; (e)240μm,180N; (f)55μm,180N。

图 2.42 分别给出了镁合金基体和含有质量分数为 2% 碳纳米管复合材料磨损痕迹的 SEM 和二维(2D)形貌图像。基体合金的磨损表面形貌较为粗糙,而添加 2% 碳纳米管的复合材料表面形貌较为光滑(图 2.42)。含 2% 碳纳米管

的复合材料的磨损轨迹深度小于基体合金的磨损轨迹深度。随着碳纳米管的加入,陨石坑明显减少,磨损表面形成薄的黏附转移膜(图2.42),因此,碳纳米管的存在,充当了降低摩擦系数的润滑介质,也提高了复合材料的抗磨损性能。

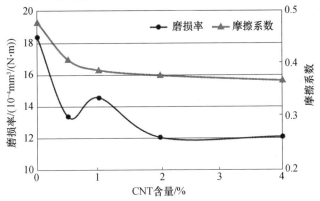

图 2.41 碳纳米管对镁基纳米复合材料磨损率和摩擦系数的影响
(摘自:Mindivan, H. et al., *Appl. Surf. Sci.*, 318, 234-243, 2014)

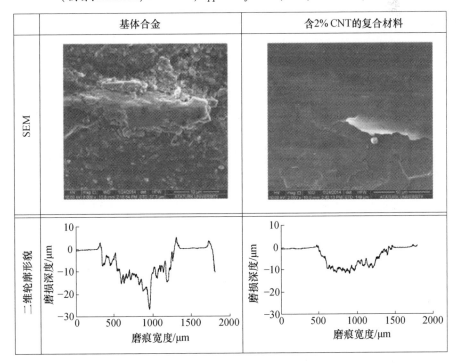

图 2.42 基体合金和含有 2% 碳纳米管复合材料磨痕的 SEM 和二维轮廓图像
(摘自:Mindivan, H. et al., *Appl. Surf. Sci.*, 318, 234-243, 2014)

2.5 镍基复合材料

Ni-石墨复合材料优异的高温性能使其在高效能发动机上获得了一定的应用。一些研究分析了石墨含量和试验参数对 Ni-石墨复合材料摩擦学性能的影响。

Li 等人[87]研究了摩擦温度、载荷和速度对 Ni-石墨复合材料磨损性能的影响。Ni-石墨复合材料的摩擦系数和磨损率随石墨质量分数、载荷和速度的变化如图 2.43 所示。与纯镍相比,石墨颗粒的加入显著改善了材料的摩擦、磨损性能,石墨含量最佳范围为 6%~12%,在此范围内,摩擦系数和磨损率均降至最低。如图 2.43 所示,随着载荷和滑动速度的增大,摩擦系数降低,而磨损率随着温度和滑动速度的增加而增加。此外,随着载荷的增加,磨损率初始增加,当载荷达到 150N 时,磨损率又逐渐下降。

Li 等人[88]进一步研究了不同温度下石墨和 MoS_2 作为固体润滑剂增强的 Ni-Cr-W-Fe-C 自润滑复合材料的摩擦学性能。研究发现,添加 MoS_2 和石墨后,复合材料中形成了 Cr_2S_3 和 WC,这两种材料在高温下分别具有低摩擦系数

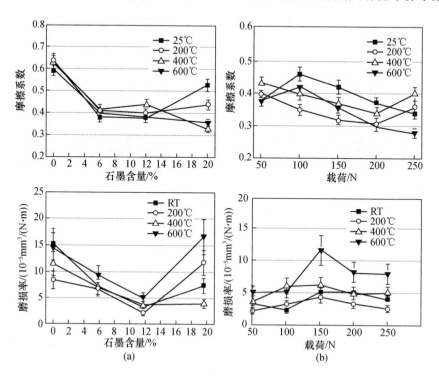

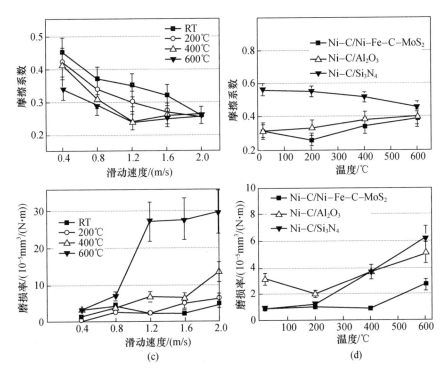

图 2.43 摩擦系数和磨损率随不同试验参数的变化情况
(摘自:Li, J. and Xiong, D., Wear, 266, 360-367, 2009)
(a)石墨含量;(b)载荷;(c)滑动速度;(d)温度。

和高耐磨性的特点。图 2.44 为不同温度下几种复合材料摩擦系数和磨损率的变化情况。在这些复合材料中,由于石墨和 MoS_2 的协同润滑作用,石墨和 MoS_2 增强的镍基复合材料在较大的温度范围内表现出较好的摩擦学性能,其中石墨在室温下起主要润滑作用,而硫化物在高温下摩擦系数较低。

Chen 等人[89]和 Scharf 等人[90]分别研究了碳纳米管对镍基自润滑复合材料摩擦学行为的影响,结果表明,通过嵌入碳纳米管的纳米颗粒可以降低摩擦系数。此外,Scharf 等人[90]发现,由于碳纳米管具有较强的力学性能,添加碳纳米管比添加石墨微粒更有效。碳纳米管由石墨类 sp^2 键合的圆柱层或壳体组成,其中壳体间的相互作用力主要为范德华力,层间可以相互滑动或旋转,因此摩擦系数较低。

图 2.45 为不同含量碳纳米管的复合材料摩擦系数和磨损率随载荷的变化情况,结果表明,随着载荷的增加,摩擦系数降低,磨损率随载荷的增加而增加。此外,碳纳米管的最佳含量为 1.1g/L,此时摩擦系数和磨损率最低。图 2.46 为

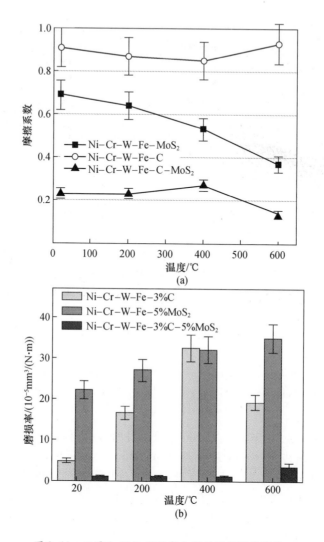

图 2.44 石墨和 MoS_2 增强复合材料的摩擦学性能

(摘自:Li, J. L. and Xiong, D. S., *Wear*, 265, 533-539, 2008)

(a)摩擦系数;(b)磨损率。

Ni、Ni-SiC Ni-石墨、Ni-碳纳米管复合材料的磨痕形貌对比结果,Ni 的磨损表面上有较大的沟槽和一定程度的剥落。通过对比石墨和碳纳米管增强的镍基复合材料的磨损表面,可知,相比于 Ni-石墨,Ni-碳纳米管表面的裂纹更少,划痕更细小,因此嵌入碳纳米管可使材料磨损更少。

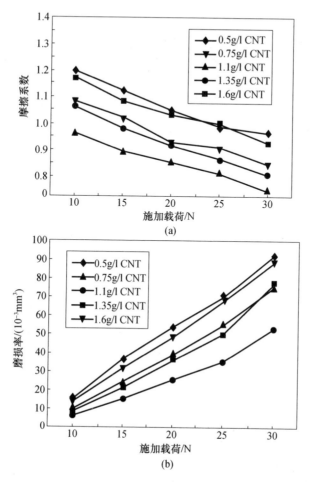

图 2.45 碳纳米管含量对 Ni-碳纳米管复合材料摩擦学性能的影响
（摘自：Scharf, T. et al., J. Appl. Phys., 106, 013508, 2009）
(a)摩擦系数；(b)磨损率。

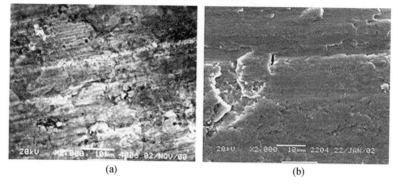

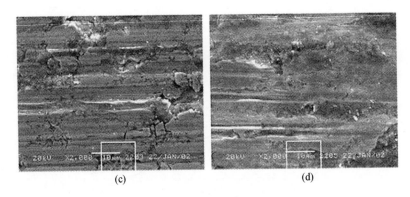

图 2.46 几种材料的磨损形貌
(摘自:Scharf, T. et al. , *J. Appl. Phys.* , 106, 013508, 2009)
(a)Ni; (b)Ni-SiC; (c)Ni-石墨; (d)Ni-碳纳米管。

参 考 文 献

1. Daniel IM, Ishai O. *Engineering Mechanics of Composite Materials.* Oxford University Press: New York; 1994.
2. Prasad S, Asthana R. Aluminum metal-matrix composites for automotive applications: Tribological considerations. *Tribology Letters.* 2004;17(3):445-453.
3. Miracle DB. Metal matrix composites—From science to technological significance. *Composites Science and Technology.* 2005;65(15 16):2526-2540.
4. Omrani E et al. Influences of graphite reinforcement on the tribological properties of self-lubricating aluminum matrix composites for green tribology, sustainability, and energy efficiency—a review. *The International Journal of Advanced Manufacturing Technology.* 2016;83(1 4):325-346.
5. Omrani E et al. New emerging self-lubricating metal matrix composites for tribological applications. In: Davim PJ, (Ed). *Ecotribology: Research Developments.* Springer International Publishing: Cham, Switzerland; 2016. pp. 63-103.
6. Dellacorte C, Fellenstein JA. The effect of compositional tailoring on the thermal expansion and tribological properties of PS300: A solid lubricant composite coating. *Tribology Transactions.* 1997;40(4):639-642.
7. Zhang X et al. Carbon nanotube-MoS_2 composites as solid lubricants. *ACS Applied Materials and Interfaces.* 2009;(3):735-739.
8. Chromik RR et al. In situ tribometry of solid lubricant nanocomposite coatings. *Wear*2007; 262(9-10): 1239-1252.
9. Menezes PL, Rohatgi PK, Lovell MR. Self-lubricating behavior of graphite reinforced metal matrix composites.

In: Nosonovsky M, Bhushan B, (Eds.). *Green Tribology*. Springer: Berlin, Germany; 2012, pp. 445–480.

10. Moghadam AD et al. Mechanical and tribological properties of self-lubricating metal matrix nanocomposites reinforced by carbon nanotubes (CNTs) and graphene A review. *CompositesPartB: Engineering*. 2015;77: 402–420.

11. Rohatgi PK. Metal matrix composites. *Defence Science Journal*. 1993;43(4):323.

12. Liu Y, Rohatgi PK, Ray S. Tribological characteristics of aluminum-50 Vol Pct graphite composite. *Metallurgical Transactions A*. 1993;24(1):151–159.

13. Rohatgi PK, Ray S, Liu Y. Tribological properties of metal matrix-graphite particle composites. *International Materials Reviews*. 1992;37:129–152.

14. Rohatgi PK et al. A surface-analytical study of tribodeformed aluminum alloy 319–10 vol. % graphite particle composite. *Materials Science and Engineering: A*. 1990;123(2):213–218.

15. Jha A et al. Aluminium alloy-solid lubricant talc particle composites. *Journal of Materials Science*. 1986;21(10):3681–3685.

16. Bowden F, Shooter K. Frictional behaviour of plastics impregnated with molybdenum disulphide. *Industrial & Engineering Chemistry Research*. 1950;3:384.

17. Lancaster J. Composite self-lubricating bearing materials. *Proceedings of the Institution of Mechanical Engineers*. 1967;182(1):33–54.

18. Prasad S, Mecklenburg KR. Self-lubricating aluminum metal-matrix composites dispersed with tungsten disulfide and silicon carbide. *Lubrication Engineering*. 1994; 50 (7). https://www.osti.gov/scitech/biblio/191823.

19. Skeldon P, Wang H, Thompson G. Formation and characterization of self-lubricating MoS_2 precursor films on anodized aluminium. *Wear*. 1997;206(1):187–196.

20. Rawal SP. Metal-matrix composites for space applications. *JOM*. 2001;53(4):14–17.

21. Reboul M, Baroux B. Metallurgical aspects of corrosion resistance of aluminium alloys. *Materials and Corrosion*. 2011;62(3):215–233.

22. Molina J–M et al. Thermal conductivity of aluminum matrix composites reinforced with mixtures of diamond and SiC particles. *ScriptaMaterialia*. 2008;58(5):393–396.

23. Recoules V et al. Electrical conductivity of hot expanded aluminum: Experimental measurements and ab initio calculations. *Physical Review E*. 2002;66(5):056412.

24. Li G–C et al. Damping capacity of high strength-damping aluminum alloys prepared by rapid solidification and powder metallurgy process. *Transactions of Nonferrous MetalsSociety of China*. 2012;22(5):1112–1117.

25. Moghadam AD, Schultz BF, Ferguson JB, Omrani E, Rohatgi PK, Gupta N. Functional metal matrix composites: Self-lubricating, self-healing, and nanocomposites-an outlook. *JOM*. 2014;66(6):872–81.

26. Kumar GV, Rao C, Selvaraj N. Mechanical and tribological behavior of particulate reinforced aluminum metal matrix composites-a review. *Journal of Minerals and Materials Characterization and Engineering*. 2011;10(1):59.

27. Kathiresan M, Sornakumar T. Friction and wear studies of die cast aluminum alloyaluminum oxide-reinforced composites. *Industrial Lubrication and Tribology*. 2010;62(6):361–371.

28. Rohatgi P, Ray S, Liu Y. Tribological properties of metal matrix-graphite particle composites. *International Materials Reviews*. 1992;37:129–152.

29. Ames W, Alpas A. Wear mechanisms in hybrid composites of Graphite-20 Pct SiC in A356 aluminum alloy (Al-7 Pct Si-0.3 Pct Mg). *Metallurgical and Materials Transaction A*. 1995;26(1):85-98.

30. Roy M et al. The effect of participate reinforcement on the sliding wear behavior of aluminum matrix composites. *Metallurgical Transactions A*. 1992;23(10):2833-2847.

31. Alpas A, Zhang J. Effect of microstructure (particulate size and volume fraction) and counterface material on the sliding wear resistance of particulate-reinforced aluminum matrix composites. *Metallurgical and Materials Transactions A*. 1994;25(5):969-983.

32. Van AK et al. Influence of tungsten carbide particle size and distribution on the wear resistance of laser clad WC/Ni coatings. *Wear*. 2005;258(1):194-202.

33. Nayeb-Hashemi H, Seyyedi J. Study of the interface and its effect on mechanical properties of continuous graphite fiber-reinforced 201 aluminum. *Metallurgical TransactionsA*. 1989;20(4):727-739.

34. Tokisue H, Abbaschian G. Friction and wear properties of aluminum-particulate graphite composites. *Materials Science and Engineering*. 1978;34(1):75-78.

35. Ravindran P et al. Investigation of microstructure and mechanical properties of aluminum hybrid nano-composites with the additions of solid lubricant. *Materials and Design*. 2013;51:448-456.

36. Shanmughasundaram P, Subramanian R. Wear behaviour of eutectic Al-Si alloy-graphite composites fabricated by combined modified two-stage stir casting and squeeze casting methods. *Advances in Materials Science and Engineering*. Article ID 216536, 2013; 8. http://dx.doi.org/10.1155/2013/216536.

37. Ravindran P et al. Tribological behaviour of powder metallurgy-processed aluminium hybrid composites with the addition of graphite solid lubricant. *Ceramics International*. 2013;39(2):1169-1182.

38. Suresha S, Sridhara BK. Wear characteristics of hybrid aluminium matrix composites reinforced with graphite and silicon carbide particulates. *Composites Science and Technology*. 2010;70(11):1652-1659.

39. Srivastava S et al. Study of the wear and friction behavior of immiscible as cast-Al-Sn/Graphite composite. *International Journal of Modern Engineering Research*. 2012;2(2):25-42.

40. Akhlaghi F, Pelaseyyed SA. Characterization of aluminum/graphite particulate composites synthesized using a novel method termed "in-situ powder metallurgy". *Materials Science and Engineering: A*. 2004;385(1 2):258-266.

41. Hocheng H et al. Fundamental turning characteristics of a tribology-favored graphite/aluminum alloy composite material. *Composites Part A: Applied Science and Manufacturing*. 1997;28(9-10):883-890.

42. Baradeswaran A, Perumal E. Wear and mechanical characteristics of Al 7075/graphite composites. *Composites: Part B*. 2014;56:472-476.

43. Akhlaghi F, Zare-Bidaki A. Influence of graphite content on the dry sliding and oil impregnated sliding wear behavior of Al 2024-graphite composites produced by in situ powder metallurgy method. *Wear*. 2009;266(1-2):37-45.

44. Akhlaghi F, Mahdavi S. Effect of the SiC content on the tribological properties of hybrid Al/Gr/SiC composites processed by in situ powder metallurgy (IPM) method. *Advanced Materials Research*. 2011;264-265:1878-1886.

45. Baradeswaran A, Perumal AE. Study on mechanical and wear properties of Al 7075/Al2O3/graphite hybrid composites. *Composites: Part B*. 2014;56:464-471.

46. Basavarajappa S et al. Dry sliding wear behavior of Al 2219/SiCp-Gr hybrid metal matrix composites. *Journal

of Materials Engineering and Performance. 2006;15(6):668–674.
47. Prasad BK, Das S. The signifance of the matrix microstructure on the solid lubrication characterstics in aluminum alloys. *Materials Science and Engineering A*. 1991;144:229–235.
48. Radhika N et al. Dry sliding wear behaviour of aluminium/alumina/graphite hybrid metal matrix composites. *Industrial Lubrication and Tribology*. 2012;64(6):359–366.
49. Babić M et al. Wear properties of A356/10SiC/1Gr hybrid composites in lubricated sliding conditions. *Tribology in Industry*. 2013;35(2):148–154.
50. Baradeswaran A, Elayaperumal A. Wear characterestic of Al-6061 reinforced with graphite under different loads and speeds. *Advanced Materials Research*. 2011;287 290:998–1002.
51. Rajaram G, Kumaran S, Rao TS. Fabrication of Al-Si/graphite composites and their structure-property correlation. *Journal of Composite Materials*. 2011;45(26):2743–2750.
52. Chen Z et al. Microstructure and properties of in situ Al/TiB2 composite fabricated by inmelt reaction method. *Metallurgical and Materials Transactions A*. 2000;31(8):1959–1964.
53. Tjong SC. Novel Nanoparticle-reinforced metal matrix composites with enhanced mechanical properties. *Advanced Engineering Materials*. 2007;9(8):639–652.
54. Thostenson ET, Li C, Chou T-W. Nanocomposites in context. *Composites Science and Technology*. 2005;65(3):491–516.
55. He F, Han Q, Jackson MJ. Nanoparticulate reinforced metal matrix nanocomposites-a review. *International Journal of Nanoparticles*. 2008;1(4):301–309.
56. Singh J, Narang D, Batra NK. Experimental investigation of mechanical and tribological properties of Aa–SiC and Al–Gr metal matrix composite. *International Journal of Engineering Science and Technology*. 2013;5(6):1205–1210.
57. Ghasemi-Kahrizsangi A, Kashani-Bozorg SF. Microstructure and mechanical properties of steel/TiC nanocomposite surface layer produced by friction stir processing. *Surface & Coatings Technology*. 2012;209:15–22.
58. Tabandeh-Khorshid M, Jenabali-Jahromi SA, Moshksar MM. Mechanical properties of tri-modal Al matrix composites reinforced by nano-and submicron-sized Al_2O_3 particulates developed by wet attrition milling and hot extrusion. *Materials & Design*. 2010;31(8):3880–3884.
59. Shafiei-Zarghani A, Kashani-Bozorg SF, Zarei-Hanzaki A. Microstructures and mechanical properties of Al/Al_2O_3 surface nano-composite layer produced by friction stir processing. *Materials Science and Engineering A*. 2009;500:87–91.
60. Jinfeng L et al. Effect of graphite particle reinforcment on dry sliding wear of SiC/Gr/Al composites. *Rare Metal Materials and Engineering*. 2009;38(11):1894–1898.
61. Rohatgi PK et al. Tribology of metal matrix composites. In: Menezes P, Ingole SP, Nosonovsky M, Kailas SV, Lovell MR, (Eds.). *Tribology for scientists and engineers*. Springer: New York; 2013. pp. 233–268.
62. Bakshi S, Lahiri D, Agarwal A. Carbon nanotube reinforced metal matrix composites—A review. *International Materials Reviews*. 2010;55(1):41–64.
63. Kovacik J et al. Effect of composition on friction coefficient of Cu-graphite composites. *Wear*. 2008;256:417–421.
64. Zhou S-M et al. Fabrication and tribological properties of carbon nanotubes reinforced Al composites prepared

by pressureless infiltration technique. *Composites: Part A.* 2007;38(2):301.

65. Choi HJ, Lee SM, Bae DH. Wear characteristic of aluminum-based composites containing multi-walled carbon nanotubes. *Wear.* 2010;270(1-2):12.

66. Ghazaly A, Seif B, Salem HG. Mechanical and tribological properties of AA2124-graphene self lubricating nanocomposite. *Light Metals.* 2013;2013:411-415.

67. Zamzam M. Wear resistance of agglomerated and dispersed solid lubricants in aluminium. *Materials Transactions, JIM.* 1989;30(7):516-522.

68. Dharmalingam S et al. Optimization of tribological properties in aluminum hybrid metal matrix composites using gray-Taguchi method. *Journal of Materials Engineering and Performance.* 2011;20(8):1457-1466.

69. Moustafa S et al. Friction and wear of copper-graphite composites made with Cu-coated and uncoated graphite powders. *Wear.* 2002;253(7):699-710.

70. Zhao H et al. Investigation on wear and corrosion behavior of Cu-graphite composites prepared by electroforming. *Composites Science and Technology.* 2007;67(6):1210-1217.

71. Jincheng X et al. Effects of some factors on the tribological properties of the short carbon fiber-reinforced copper composite. *Materials & Design.* 2004;25(6):489-493.

72. Rohatgi P, Ray S, Liu Y. Tribological properties of metal matrix-graphite particle composites. *International Materials Reviews.* 1992;37(1):129-152.

73. Ramesh C et al. Development and performance analysis of novel cast copper-SiC-Gr hybrid composites. *Materials & Design.* 2009;30(6):1957-1965.

74. Rajkumar K, Aravindan S. Tribological behavior of microwave processed copper-nanographite composites. *Tribology International.* 2013;57:282.

75. Chen B et al. Tribological properties of solid lubricants (graphite, h-BN) for Cu-based P/M friction composites. *Tribology International.* 2008;41(12):1145-1152.

76. Petrescu M. Boron nitride theoretical hardness compared to carbon polymorphs. *Diamond and Related Materials.* 2004;13(10):1848-1853.

77. Hod O. Graphite and hexagonal boron-nitride have the same interlayer distance. Why?. *Journal of chemical theory and computation.* 2012;8(4):1360-1369.

78. Kato H et al. Wear and mechanical properties of sintered copper-tin composites containing graphite or molybdenum disulfide. *Wear.* 2003;255(1):573-578.

79. Kestursatya M, Kim J, Rohatgi P. Friction and wear behavior of a centrifugally castlead-free copper alloy containing graphite particles. *Metallurgical and Materials Transactions A.* 2001;32(8):2115-2125.

80. Song G, Bowles AL, StJohn DH. Corrosion resistance of aged die cast magnesium alloy AZ91D. *Materials Science and Engineering: A.* 2004;366(1):74-86.

81. Chen H, Alpas A. Sliding wear map for the magnesium alloy Mg-9Al-0.9 Zn (AZ91). *Wear.* 2000;246(1):106-116.

82. Qi Q-J. Evaluation of sliding wear behavior of graphite particle-containing magnesium alloy composites. *Transactions of Nonferrous Metals Society of China.* 2006;16(5):1135-1140.

83. Zhang M-J et al. Effect of graphite particle size on wear property of graphite and Al_2O_3 reinforced AZ91D-0.8% Ce composites. *Transactions of Nonferrous Metals Society of China.* 2008;18:s273-s277.

84. Yang X-H et al. Microstructures and properties of graphite and Al_2O_3 short fibers reinforced Mg-Al-Zn alloy

hybrid composites [J]. *Transactions of Nonferrous Metals Society of China*. 2006;16(s2):1-5.
85. Yong-bing L, Rohatgi P, Ray S. Tribological characteristics of aluminum-50% graphite composite [J]. *Metallurgical Transactions A*. 1993;24(1):151-159.
86. Mindivan H et al. Fabrication and characterization of carbon nanotube reinforced magnesium matrix composites. *Applied Surface Science*. 2014;318:234-243.
87. Li J, Xiong D. Tribological behavior of graphite-containing nickel-based composite as function of temperature, load and counterface. *Wear*. 2009;266(1):360-367.
88. Li JL, Xiong DS. Tribological properties of nickel-based self-lubricating composite at elevated temperature and counterface material selection. *Wear*. 2008;265(3):533-539.
89. Chen X et al. Dry friction and wear characteristics of nickel/carbon nanotube electroless composite deposits. *Tribology International*. 2006;39(1):22-28.
90. Scharf T et al. Self-lubricating carbon nanotube reinforced nickel matrix composites. *Journal of Applied Physics*. 2009;106(1):013508.

第3章 聚合物基自润滑复合材料

3.1 引言

润滑对于工业生产加工中设备的安全运行和可靠性至关重要,润滑技术已广泛应用于工业领域中的滚动轴承、滑动轴承和齿轮等零部件。良好的润滑对于减轻摩擦发热、延长疲劳寿命、减少摩擦磨损具有重要意义[1]。现有的润滑系统主要使用合成润滑油或矿物油,存在产品污染风险,无法用于医药、食品、卫生等需求洁净的领域[2]。在这些不允许使用液体润滑剂的场合,固体润滑剂成为控制摩擦和磨损的最佳选择。然而,固体润滑剂在实际应用中需要满足如机械强度、刚度、疲劳寿命、热膨胀、阻尼特性等的要求[3]。

如果摩擦副接触区域没有外部润滑,可采用自润滑材料,如某些聚合物、混合物和复合材料,也能够获得较低的摩擦系数($\mu < 0.2$)和磨损率($k < 10^{-6}$ $mm^3/(N \cdot m)$)[4-6]。然而,由于暂时缺少通用法则来指导自润滑材料的设计,目前新材料的开发仍然依赖于试错试验。例如,根据填充物与基体的相对性能,设计填充物优先用于支承载荷[7],并抑制聚合物内部的裂纹扩展[8],降低滑动界面的剪切强度[9]。可是以上方法还无法明确填充物成分[5,10]、载荷[5,11]或环境[12,13]对于材料性能的影响。因为上述因素的微小波动都会使系统磨损率产生一定数量级的变化,而已有的研究数据往往相互矛盾,难以提取一般准则,使得有关自润滑聚合物的摩擦学系统设计和优化在很大程度上依赖于试错试验。因此,需要更多有关自润滑聚合物摩擦和磨损控制及预测的知识和理论,为聚合物基自润滑复合材料的设计提供指导。

作为新兴高分子材料,聚合物基复合材料具有轻质、强度高、热稳定性好、耐化学腐蚀、抗弯折性、易加工性、自润滑能力强、摩擦系数小、耐磨性佳等优异的理化性能[24-26]。在通常情况下,聚合物与硬质金属(一般为钢材)表面对摩并滑动时会产生磨损碎片。这些碎片颗粒大多被拖过接触区域并从磨损轨迹中散逸出来,某些特殊碎片会附着在对摩件上,形成一层被称为转移膜的膜层。在磨损较小的滑动摩擦情况下,大多数聚合物材料都可以在钢质对偶件表面形成连续的转移薄膜;在磨损较大的滑动摩擦情况下,也会出现较厚的片状薄膜。许多文献的研究结果显示,转移膜的特性与测量到的材料磨损率之间存在强关联性[14-23]。最新研究表明,聚合物基复合材料改善摩擦性能主要依靠材料滑动表面形成的一层转移薄膜,使材料机械强度显著增加。此外,转移膜也提高了材料的耐磨性。研究中还发现,初始阶段并不存在转移膜,转移膜是由表面磨损和次表层变形而逐渐产生的。

聚合物基复合材料(Polymer Matrix Composite,PMC)是一种可替代油润滑的理想自润滑材料。首先,聚合物通常有较低的滑动干摩擦系数(COF,μ),可以避免金属冷焊和因润滑系统失效产生的灾难性后果[27];其次,某些聚合物本身即是固体润滑剂,如聚四氟乙烯(PTFE)[28,29]。但与金属和陶瓷相比,聚合物强度较弱,使其应用受限。为了克服这一缺点,通常使用不同类型的增强材料,例如纤维和颗粒,形成具有优异特性的结构复合材料[30,31]。增强材料主要用于改善结构复合材料的力学性能,但在很多情况下,增强材料也用于控制摩擦和磨损[32,33]。例如,目前已积累较多研究经验的结构复合材料,在永磁同步电机中用作与钢对摩的滑动部件。

聚合物基自润滑复合材料长期以来广泛用于工业领域中各种滑动、滚动和旋转轴承部件,用来对抗其内部的摩擦和磨损。聚合物基自润滑复合材料的制备方法通常是在聚合物中分散适量的固体润滑剂(最好是粉末填料形式)。例如,作为填充剂的石墨、MoS_2 和 H_3BO_3,可提高尼龙和 PTFE 型聚合物基自润滑复合材料的耐磨性[8,34]。

3.2 环氧类复合材料

环氧树脂可能是航空工业领域开发制造高性能复合材料中最受欢迎的基底材料。如今,环氧树脂已被广泛应用于建筑、汽车、航空和铁路运输系统,是电子、航空和航天工业领域的高级合成树脂。环氧树脂也是先进复合材料的热固性基体,它具有一系列优异特性,这些特性还可以在很大范围内进行调控[35-38]。

然而,环氧树脂作为热固型聚合物,缺乏自润滑聚合物所需的分子链易于相互滑动的特性。如 PTFE 和高密度聚乙烯等自润滑性复合材料,其分子链易于滑动,故摩擦系数较小。近年来,受环氧树脂高温稳定性的限制,国内外关于环氧树脂摩擦学的研究论文并不多见。近日,AREMCO 公司将一种热稳定性较高(315℃)的环氧树脂商业化,因此,环氧树脂有望成为高性能复合摩擦材料的基体。

在环氧树脂与钢滑动干摩擦情况下,通常磨损率和摩擦系数较高,主要原因是其交联分子结构抑制了转移膜的有效形成,导致材料自身脆性相对较高。然而,环氧树脂仍然具有许多优良的性能,如与众多材料结合时的强附着力、良好的力学性能和电气性能,以及较高的抗化学腐蚀及耐热性。

一种对于摩擦有效的复合材料,除选择热稳定性的基体(如环氧树脂)外,还需要合适的增强剂和固体润滑剂。增强材料包含玻璃、芳纶、石墨、碳等多种,其中石墨具有很高的抗热氧化稳定性、比强度、导热性和自润滑等特性,尽管添加成本较高,仍然是复合摩擦材料的理想选材。石墨纤维的整体性能优于碳纤维(Carbon Fiber,CF),但由于石墨纤维实用性较低、成本较高的原因,对其摩擦学性能研究相对较少。而碳纤维由许多层叠的石墨层组成,在剪切力作用下,石墨层间容易发生滑移,使得碳纤维具有自润滑特性[27, 39, 40]。因此,碳纤维增强复合材料在无液体润滑剂的轴承中得到了广泛的应用。

表面纤维方向与滑动面平行的复合材料摩擦学性能更好,这是因为剪切力平行于纤维方向时容易发生碳纤维石墨层之间的滑动,滑动过程中产生的磨屑会导致摩擦力增加。如果材料表面暴露的碳纤维垂直于滑动方向,碳纤维磨屑易嵌入摩擦副表面,引发严重磨损或卡死问题[18,42]。然而,Sung 和 Suh[41]研究了纤维取向对碳纤维增强聚合物复合材料摩擦磨损性能的影响,发现当纤维方向垂直于滑动面时,复合材料的摩擦磨损最小。随后,Suh 和 Sin[43]研究了磨屑引起的摩擦力增加现象,发现随着磨屑犁沟深度的增加,摩擦力呈指数增长。

一项研究对比了玻璃增强环氧树脂复合材料(G-EP)与碳纤维增强环氧树脂复合材料(CA-EP)在不同载荷和滑动速度下的摩擦学性能。图 3.1 为 G-EP 和 CA-EP 在不同载荷 p 和滑动速度 v 下的摩擦系数实测值。G-EP 的摩擦系数平均值为 0.63,而 CA-EP 的摩擦系数平均值为 0.41。因此,碳纤维增强比玻璃增强环氧树脂复合材料的摩擦系数总体降低约 35%。通过观察材料表面,由于玻璃纤维的高硬度,在一定条件下会导致钢材料表面产生明显的磨损粗糙峰;此外,玻璃纤维碎片位于接触界面区域可成为磨粒。这两个因素都会导致接触区变形或犁削作用增加,影响摩擦系数值。相对而言,碳纤维由于其中的石墨结构作为固体润滑剂,可降低界面剪切力。尽管碳纤维在某些情况下也会使钢表面变得粗糙,但粗糙程度小于玻璃纤维的作用结果。除少数例外的结果,图 3.1 摩擦数据相对于载荷或滑动速度没有显示任何明显的变化趋势等函数关系。由此可以推断,复合材料的摩擦系数相当稳定,大致遵循阿蒙顿摩擦定律。

通过上述单一纤维方向的研究可知,不平行于滑动方向的纤维取向对摩擦性能有较大的影响。在双向纤维取向的研究中,法向和横向 G/EP(N-P)纤维磨损性能的测量结果较差,因此选择平行和非平行的(P-AP)纤维取向进行测试,以研究玻璃纤维取向对磨损性能的影响(图 3.2)。结果表明,P-AP 纤维取向的摩擦系数与 p、v 条件无关,而 N-P 纤维取向则受其影响。此外,在 P-AP 纤

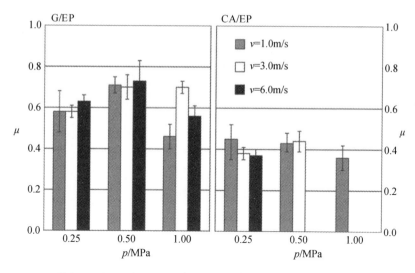

图 3.1 G/EP 和 CA/EP 在不同 p、v 条件下测得的摩擦系数 μ
(EP—环氧树脂;G—编织玻璃纤维;CA—碳/芳纶混合编织)
(摘自:Larsen,T. Ø. et al., *Wear*, 264, 857-868, 2008)

维取向的三种不同 p、v 条件下,磨损率 $\dot{w}_s$ 大致相同。而 N-P 纤维取向在高 p-低 v 到低 p-高 v 条件变化时,$\dot{w}_s$ 显著增加。因此,当 $p=0.25\mathrm{MPa}$ 且 $v=6.0\mathrm{m/s}$ 时,N-P 纤维取向的 $\dot{w}_s$ 比 P-AP 纤维取向高 2.6 倍,纤维取向不同导致磨损率出现差异。

此外,G/EP 是特种磨料,也可能是出现高磨损率的原因。通过观察可以发现,在相同试验条件下,P-AP 纤维取向的复合材料中磨料较少,甚至形成了灰白色的转移膜。而且,摩擦系数降低有助于限制温度升高带来的材料耐磨性能衰退。与纯环氧树脂的磨损率相比,P-AP 纤维取向复合材料的磨损率分别降低了 2.1 倍和 1.1 倍,而法向纤维取向复合材料的磨损率提高了 2 倍。因此,采用合理的织构方式,消除法向纤维取向,有助于提高材料的摩擦学性能,这与图 3.2 测试数据呈现的结果是一致的。

如前所述,玻璃纤维可增强环氧复合材料的强度和承载能力,因此玻璃-环氧复合材料在汽车和航空航天工程领域引起了广泛的关注。固体润滑剂的加入有利于降低其摩擦系数,进而减少磨损。鉴于此,需要研究探索石墨填充的玻璃-环氧复合材料的应用。

Basavarajappa 等人利用销盘装置对石墨增强的玻璃-环氧复合材料的磨损特性进行了研究。图 3.3(a)为不同石墨含量试样磨损质量随滑动速度的变化情况,滑动速度从 2.72m/s 增加到 8.16m/s,而施加的载荷和滑动距离分别保持

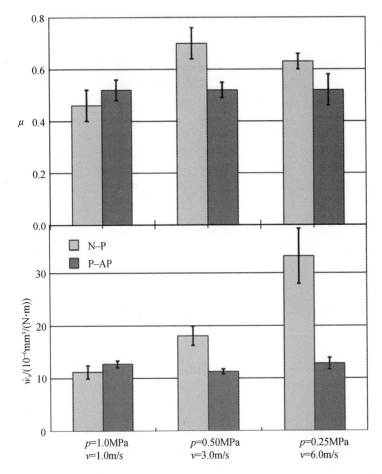

图 3.2 三种不同 p、v 条件下,N-P 纤维取向或 P-AP 纤维取向的 G/EP 的摩擦系数 μ 与磨损率 $\dot{w}_s$ 比较(N-P 纤维取向与滑动方向相同)

(摘自:Larsen,T. Ø. et al.,Wear,264,857-868,2008)

在 60N 和 3000m 不变。试验结果表明,质量损失随滑动速度的增加而增加。而且,与石墨含量 5% 和 0% 的试样相比,石墨含量 10% 的复合材料磨损质量更少。在较低和较高的滑动速度下,石墨含量 5% 和 0% 试样的磨损质量几乎相等。然而,在 4~6m/s 的速度范围,磨损效果不同。图 3.3(b)所示为不同石墨填料含量的磨损质量随施加载荷变化情况。在改变施加载荷,而滑动速度和滑动距离保持不变时,随着石墨体积百分比从 0% 增加到 10%,试样磨损质量从 2.7mg 下降到 1.5mg。随后当载荷增加时,磨损质量略有增加,当载荷增加到 60N 时,磨损质量急剧增加。

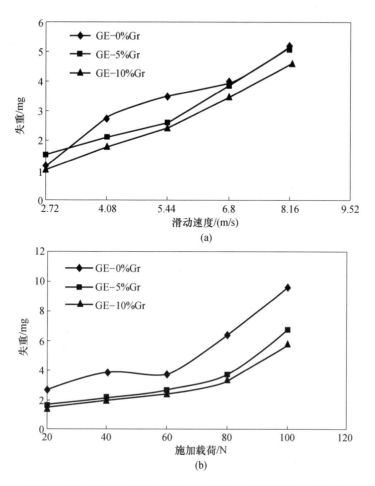

图 3.3 工况条件对石墨增强环氧-玻璃复合材料磨损失重的影响
(摘自:Basavarajappa, S. et al., *Mater. Des.*, 30, 2670-2675, 2009)
(a)滑动速度;(b)施加载荷。

不同石墨填充试样的磨损量差异不大。在40N低负荷时,含5%和10%石墨试样的磨损质量基本相同;在100N的较高负荷下,含5%石墨试样的磨损质量较高(6.6mg),而含10%石墨试样的磨损质量较低(5.7mg)。相比石墨填充的玻璃纤维环氧试样,无填充的纯玻璃纤维环氧复合材料的耐磨性能最差,其横向和纵向纤维分布中都有碎片形成,还出现了纤维断裂;而在含5%石墨的试样中,纤维没有完全暴露,且几乎没有纤维发生断裂。

采用纳米复合材料有效替代传统微米复合材料已在许多研究中得到了应用,并能够改善微米复合材料的摩擦学性能。Rong 等人[46]比较了微米(粒径

44μm)和纳米(粒径10nm)TiO₂颗粒对环氧树脂耐磨性的影响。结果表明,纳米 TiO₂粒子可以显著降低环氧树脂的磨损率,而微米 TiO₂颗粒则不能。Ng 等人在前期研究中也获得了相似的结论。Yu 等人研究了微米和纳米尺度 Cu 颗粒填充聚甲醛(Poly for Maldehyde, POM)复合材料的摩擦学行为,其中微米尺度铜颗粒-POM 的磨损特征是划伤和黏附,而纳米尺度铜颗粒-POM 的磨损特征是塑性变形,磨损损失得到了降低。Xue 和 Wang[49]发现纳米 SiC 比微米 SiC 更能降低聚醚醚酮(PEEK)的磨损,其作用是在碳素钢-纳米 SiC 填充复合材料环块的对摩表面形成一层均匀坚韧的转移薄膜。

  纳米粒子可有效改善聚合物复合材料的摩擦学性能。其中纳米 SiO₂ 粒子还可改变材料的磨损机理,使其由严重的磨粒磨损转变为轻微的滑移磨损[50]。又由于碳纤维(CF)可以改善材料的摩擦和磨损行为,将碳纤维和 SiO₂ 两种不同类型的添加剂同时填入复合材料中,出现了理想的协同效应。如图 3.4 所示为碳纤维和 SiO₂ 在不同质量比时复合材料的摩擦性能[51]。试验结果表明,含质量分数为 4% 纳米 SiO₂ 和 6% 碳纤维复合材料的磨损率 $\dot{w}_s$ 和摩擦系数最低,相比无填充环氧树脂(磨损率 $\dot{w}_s = 3.1 \times 10^{-4} \text{mm}^3/(\text{N}\cdot\text{m})$,摩擦系数 = 0.55),效果改善明显。虽然纳米 SiO₂ 在降低磨损率和摩擦系数方面不如短碳纤维,但是纳米 SiO₂ 和短碳纤维的结合可以获得更好的效果。此外,接枝的纳米 SiO₂ 优于未处理的纳米 SiO₂,表现为填料/基体界面键合的重要性。

  通常,表面硬度是决定材料耐磨性的重要因素之一,即较硬的表面具有较高的耐磨性。因此,图 3.4 所示的协同效应可解释为,硬相碳纤维作为增强成分分散在软相环氧树脂基体中,增加了复合材料的硬度和蠕变阻力,降低了磨损率和摩擦系数[52]。然而,纳米 SiO₂ 的加入却降低了碳纤维-环氧复合材料的硬度。虽然包含质量分数 4% 纳米 SiO₂ 和 6% 碳纤维的复合材料的显微硬度几乎在所有包含纳米 SiO₂ 的样本中最高,但仍低于含 10% 碳纤维而不包含纳米 SiO₂ 的样本,即复合材料的显微硬度与添加成分的质量分数并不完全满足图 3.4 所示趋势。

  除了提高硬度外,还有其他因素可改善复合材料的摩擦磨损性能。为进一步探讨环氧树脂基纳米复合材料的磨损机理,使用扫描电子显微镜(SEM)观察与复合材料试样对摩的钢环表面,如图 3.5(a)和(b)所示。分析可知,分别在接枝的纳米 SiO₂-环氧树脂和碳纤维-环氧树脂复合材料表面滑动后,钢表面形成了不连续的转移膜。而复合材料的摩擦对偶件,产生了均匀的摩擦膜,覆盖在整个接触区域(图 3.5(c)和(d))。一直以来都有研究关注环氧复合材料-钢对偶件形成的转移膜[53],其转移膜有利于降低磨损率和摩擦系数。对于此类复合材料,碳纤维起承载的作用,而纳米 SiO₂ 增强的微小片状磨屑起表面抛光作用[54]。

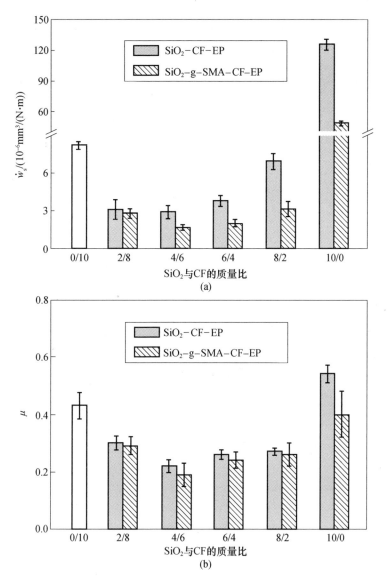

图 3.4　环氧树脂基纳米复合材料的摩擦学性能
(摘自:Guo, Q. B. et al., *Wear*, 266, 658–665, 2009)
(a)磨损率 $\dot{w}_s$;(b)摩擦系数。为便于参考,未填充环氧树脂的磨损率和摩擦系数分别为 3.1×10^{-4} mm³/(N·m)和0.55。所有试样中填充剂的总含量固定在10%左右。

为改善聚合物基复合材料的摩擦磨损性能,可加入石墨、MoS_2、PTFE 等多种固体润滑剂。h-BN 被称为白石墨,尽管其热稳定性很高,但较少用作固体润

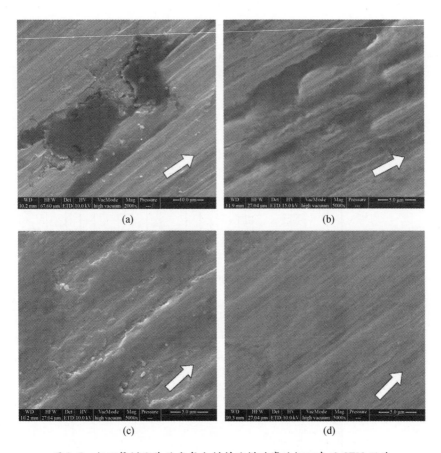

图 3.5 与环氧树脂基纳米复合材料试样对摩的钢环表面 SEM 照片
(摘自:Guo, Q. B. et al., *Wear*, 266, 658 – 665, 2009)
(a) SiO$_2$-g-SMA-EP(SiO$_2$:10%); (b) CF-EP (CF:10%);
(c) SiO$_2$-CF-EP (SiO$_2$ 与 CF 的质量比:4/6); (d) SiO$_2$-g-SMA-CF-EP
(SiO$_2$ 与 CF 的质量比:4/6)。箭头表示滑动方向。

滑剂。h-BN 具有类似石墨和 MoS$_2$ 一样的层状晶体结构,其中分子间为强共价键,而层与层之间几乎完全依靠弱范德华力来维持。对上述添加不同固体润滑剂的复合材料进行极端工况下的摩擦试验[55],结果如图 3.6 所示。

这里对几种材料的编号进行解释:UT(含有未处理 GrF 的聚合物);TT(含有处理后 GrF 的聚合物);NM(含有处理后 GrF 的聚合物,表面三层为 2% 纳米 h-BN 和 8% 微米 h-BN 的混合物);M10(含有处理后 GrF 的聚合物,表面三层为 10% 微米 h-BN);M15(含有处理后 GrF 的聚合物,表面三层为 15% 微米 h-BN);M20(含有处理后 GrF 的聚合物,表面三层为 20% 微米 h-BN)。

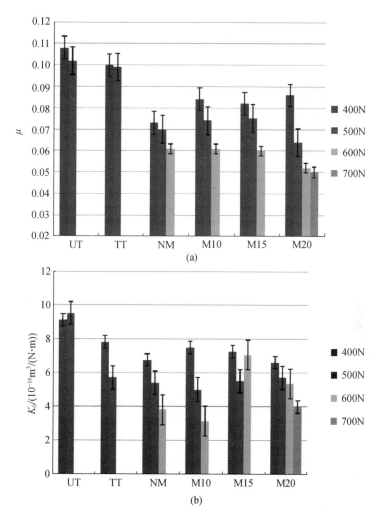

图 3.6 复合材料在极端工况下（滑动速度 1.72m/s，时间 4h，距离 24.72km）
摩擦学特性随载荷的变化关系（见彩图）

（摘自:Kadiyala, A. K. and Bijwe, J., *Wear*, 301, 802 – 809, 2013）

(a)摩擦系数；(b)磨损率。其中 UT(与未经处理的 GrF 复合）；TT(与处理的 GrF 复合）；
NM(与处理的 GrF 复合，顶部三层为 2% 纳米级和 8% 微米级 h-BN 的混合物）；
M10(与处理的 GrF 复合，顶部三层为 10% 微米级 h-BN)；M15(与处理的 GrF 复合，
顶部三层为 15% 微米级 h-BN)；M20(与处理的 GrF 复合，顶部三层为 20% 微米级 h-BN)。

  总体上，通过观察记录摩擦系数与滑动时间的关系，在初始波动后，摩擦系数稳定于一定数值。同时，在图 3.6 中也反映出该摩擦系数稳定值的大小。通过上述复合材料的实验观察，得出的主要研究结论如下。

复合材料呈现较低的磨损率($3\times10^{-16} \sim 10\times10^{-16}\,m^3/(N\cdot m)$)和摩擦系数(0.05~0.1)。在保持其他参数不变的情况下,随着滑动时间的增加,摩擦系数会略有降低。同时,由于工作表面形成了有效的转移膜,因此磨损率也有明显降低。

复合材料 UT 和 TT 在较高载荷(600N)下发生失效;UT 在 60s 内失效,TT 在几分钟内失效。因此,在 1.72m/s 的速度下,其极限载荷为 600N。在对添加的纤维进行了处理之后,材料的摩擦学性能产生了一种微小但积极的变化,磨损率明显降低(约 20%)。

随着载荷增加,所有试样的摩擦系数均显著降低,这与文献中材料的一般趋势一致,复合材料的磨损率大多数情况下是随载荷增加而减小。均匀的石墨薄膜(来自石墨纤维)一旦转移到盘试件表面,摩擦将发生在石墨层间。当无法再生成润滑薄膜时,即使增加滑动时间,材料的摩擦学性能也无法进一步改善。

复合材料表面经 h-BN 处理后,摩擦系数和磨损率均有显著降低。其中,纳米技术在大多数情况下均是降低磨损率的最有效方法。h-BN 的粒径尺寸和含量对于改变摩擦系数没有显著影响,但是预计纳米 h-BN 将有明显不同的作用机理。虽然 8% 含量 1.5μm(1500nm)和 2% 含量 200nm 粒径的组合对降低磨损率有一定的作用,但对摩擦系数影响不大。如果粒子全部是纳米尺寸,将有可能进一步提高摩擦性能。

图 3.6 中,M10 和 M15 的摩擦系数相同。然而,M20 在 600N 载荷时摩擦系数最低(0.05),体现出 h-BN 含量增加的作用。在 700N 载荷时,摩擦系数进一步降低。在表面掺入 h-BN 无疑使复合材料的极限承载能力从 500N 增加到 600N 以上。M10 和纳米复合材料 NM 的磨损率最低,M10 在较高的载荷下表现出较好的耐磨损性能,表明 10% 的 h-BN 用量可以作为最佳材料表面摩擦性能的指标。

根据纳米粒子的作用,具有优异摩擦学性能的多壁碳纳米管(MWCNT)-环氧纳米复合材料被提出并获得了研究。例如,Li 等人研究了环氧-CNT 复合材料在干摩擦条件下的摩擦学行为。研究发现,CNT 对聚合物基体具有显著的增强和自润滑作用,可以显著降低复合材料的摩擦系数,改善复合材料的耐磨性。其中一项研究成功地制备了 MWCNT-环氧纳米复合材料,并研究了 MWCNT 对纳米增强复合材料摩擦学性能的影响,以及纳米复合材料在滑动干摩擦过程中,与普通碳钢件对摩的摩擦磨损机理。

图 3.7(a)为滑动干摩擦接触条件下 MWCNT-环氧纳米复合材料对不锈钢环稳态滑动时的摩擦系数与 MWCNT 含量的函数关系。结果表明,MWCNT-环氧纳米复合材料的摩擦系数随 MWCNT 含量的增加而降低。当 MWCNT 质量分

数含量低于1.5%时,纳米复合材料的摩擦系数值急剧下降,随着纳米复合材料中 MWCNT 含量越高,摩擦系数降低到稳定数值。图 3.7(b) 为 MWCNT 含量对 MWCNT-环氧纳米复合材料磨损率的影响。如图可知,MWCNT 的加入显著降

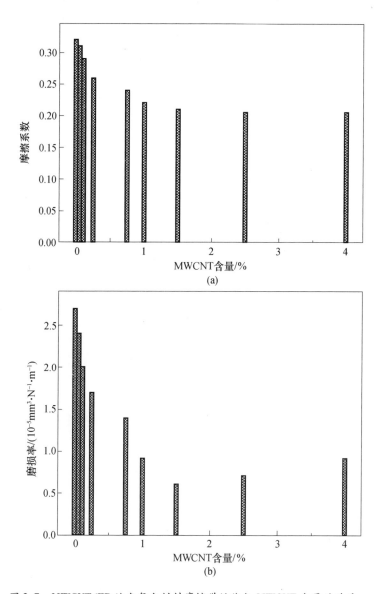

图 3.7　MWCNT/EP 纳米复合材料摩擦学性能与 MWCNT 含量的关系
(摘自:Dong, B. et al., *Tribol. Lett.*, 20, 251–254, 2005)
(a)摩擦系数；(b)磨损率。

低了环氧树脂的磨损率。当 MWCNT-环氧纳米复合材料中 MWCNT 浓度从 0% 增加到 1.5% 时,磨损率急剧下降,由 2.7×10^{-5} mm^3/(N·m)下降到 6.0×10^{-6} mm^3/(N·m)。结果表明,1.5% 含量 MWCNT-环氧纳米复合材料的磨损率最低。当纳米复合材料中 MWCNT 质量分数含量超过 1.5% 时,随着 MWCNT 含量的增加,MWCNT-环氧纳米复合材料的磨损率略有增加,这与纳米复合材料的显微硬度降低有关。

纯 EP 和质量分数含量 1.5% MWCNT-EP 纳米复合材料的磨损表面 SEM 图像分别如图 3.8(a)和(b)所示。纯 EP 的磨损表面有黏附和磨料磨损痕迹,产生了明显的犁沟(图 3.8(a))。对偶件表面非常粗糙,显示出撕扯状黏着磨损和犁削痕迹。相比之下,质量分数含量 1.5% MWCNT-EP 纳米复合材料的表面磨损和黏附显著降低(图 3.8(b))。该现象与纯 EP 在钢表面滑动时耐磨性相对较差有关,MWCNT-EP 纳米复合材料提高了耐磨性,磨损表面相对光滑、均匀和致密。

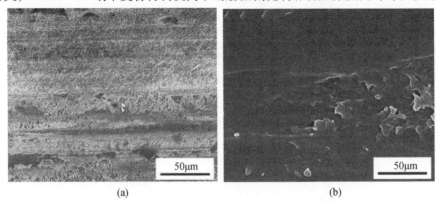

图 3.8 典型磨损表面的 SEM 图像
(摘自: Dong, B. et al., *Tribol. Lett.*, 20, 251-254, 2005)
(a)纯 EP;(b)MWCNT-EP 纳米复合材料。

图 3.8 结果表明,MWCNT-EP 纳米复合材料的耐磨性优于纯 EP 材料,因此,可以推断,MWCNT 的加入有助于抑制 EP 基体在钢表面滑动时的磨损和黏附作用。相关文献[57-61]认为,MWCNT-EP 纳米复合材料在对普通碳钢的滑动干摩擦过程中,摩擦学性能提高的原因可归纳为如下两方面:一是 MWCNT 的加入大大提高了纳米复合材料的力学性能,使得 MWCNT-EP 纳米复合材料的耐磨性优于纯 EP 材料;二是均匀分布于 MWCNT-EP 纳米复合材料中的 MWCNT,在摩擦磨损过程中可能会被释放出来,并转移到纳米复合材料与钢的摩擦界面间。因此,MWCNT 可作为间隔层,防止钢表面与纳米复合材料基体的相互接触,从而降低磨损速率,减小摩擦系数。此外,MWCNT 的自润滑性能也会使磨损率和

摩擦系数降低。目前,仍需要进一步研究以明确 MWCNT-EP 纳米复合材料的摩擦学机理。

3.3 聚四氟乙烯

聚合物具有强度高、重量轻、耐磨性好、耐溶剂腐蚀等独特性能,是广泛用于机械运动零部件的固体润滑剂[62]。其中一种聚合物——聚四氟乙烯(PTFE),又称特氟龙,以其极低的摩擦系数和优异的耐化学腐蚀性能而闻名[63,64]。PTFE 是一种热塑型材料,广泛应用于航空航天、化工、医疗、汽车、电子等行业。虽然 PTFE 能够在滑动干摩擦条件下提供低摩擦系数,但磨损率极高,限制了其应用。尽管在足够低的滑动速度下,PTFE 的磨损率也会很低[65],但其主要缺点仍是耐磨性差,且蠕变变形严重。因此,通常在 PTFE 中加入纤维填料(如玻璃纤维、碳纤维、晶须)[66,67]或球形纳米颗粒[68],以提高其耐磨性。PTFE 也可作为其他聚合物的填料成分,可改善共混聚合物的摩擦学性能[4,69]。

研制 PTFE 复合材料的主要目的是在保持其低摩擦性能的同时,优化降低其磨损率。然而,也必须具备一定程度的磨损,这样才能在对偶件材料表面形成转移膜,以降低摩擦,同时减少磨损。另外,使用纯 PTFE 会获得较低的摩擦系数,但将导致材料过度磨损,使其在空间环境应用时寿命较短而无法满足要求。所以,PTFE 复合材料的另一个研究方向是优化所生成的转移膜的特性,目前仍处在研究阶段[70]。

从控制磨损过程的经验角度,采用硬质填充材料,优化转移膜的形状和数量是其必要条件。以往的研究证实,硬质填充材料可减少次表层变形和裂纹扩展。此外,转移膜的形状取决于填充材料的形状。据有关研究发现,圆形填充材料使转移膜增厚,同时磨损较高[71];长条形填充材料,如玻璃纤维,可获得薄的转移膜。然而,玻璃纤维会导致对偶件划伤。为避免这种风险,可添加 MoS_2 等固体润滑剂。

填充短碳纤维(Short Carbon Fibre,SCF)-PTFE-石墨三种材料,是有效的摩擦学材料配方[72]。多种填充材料对提高聚合物基体的摩擦学性能具有协同作用。研究表明,短碳纤维能提高聚合物基体的抗压强度和抗蠕变性能。固体润滑剂(即石墨和 PTFE)则降低摩擦系数。此外,固体润滑剂还有助于在对偶件表面形成均匀的转移膜,通过避免摩擦副之间的直接接触,降低摩擦系数和磨损率。

纳米级填充剂可通过多种机制减少磨损,包括防止 PTFE 带状结构被摩擦破坏[73]、增强转移膜与表面材料的黏附[74],或者诱导 PTFE 基体结构发生变化,使其更加耐磨等[11,75,76]。Chen 等人研究了 PTFE-CNT 复合材料在干摩擦条件下的摩擦磨损性能,研究发现,CNT 显著提高了 PTFE 复合材料的耐磨性,降低了摩擦系数。这是由于 CNT 具有超强的力学性能和较高的长径比。此外,从石墨烯耐磨性角度分析,石墨烯表面尺寸为数微米,层间厚度在纳米尺度。微米尺寸的石墨烯表层可有效干扰聚合物碎片的生成过程,而纳米尺度的石墨烯薄层,会产生较大的接触面积,有利于在聚合物基体上形成大厚度、低密度和一定几何面形的致密石墨烯转移膜。

一项研究报告指出,片状石墨烯结晶能够将 PTFE 的磨损率大幅降低至 $10^{-7}\mathrm{mm}^3/(\mathrm{N}\cdot\mathrm{m})$,比纯 PTFE 低四个数量级。由于石墨烯添加剂优异的抗磨性能,加上其潜在的较低生产成本(通过石墨自顶向下剥离合成),使得该技术在工业中大规模应用前景远大[65]。

无填充 PTFE 和填充不同数量石墨烯的 PTFE 的磨损体积随滑动距离的变化情况如图 3.9(a)所示。无填充 PTFE 磨损很快,仅滑动约 1.5km 后,磨损体积累积约 $33\mathrm{mm}^3$。显然,0.02%、0.05% 和 0.12% 石墨烯质量分数含量的复合材料也表现出快速磨损行为,其数据点靠近纵坐标,与无填充 PTFE 相似。首先体现出石墨烯作为潜在抗磨剂的有效含量为 0.32%,该复合材料的磨损速度比未填充 PTFE 慢,在累积滑动约 20km 后,磨损量与无填充 PTFE 滑动 1.5km 时相同。石墨烯质量分数含量 0.8% 和 2% 的复合材料耐磨性进一步提高,前者滑动 26km 后累积磨损量接近 $12\mathrm{mm}^3$,后者滑动 51km 后磨损量接近 $4\mathrm{mm}^3$。随着填料含量的增加,石墨烯质量分数含量 5% 和 10% 的复合材料耐磨性继续增加。由于磨损率增长缓慢,因此其数据点聚集在横坐标附近。

扩大图 3.9(a)中磨损体积(纵坐标轴)的比例尺,石墨烯含量 2%、5%、10% 的复合材料的高耐磨性在图 3.9(b)中更为明显。从图 3.9(b)可知,质量分数含量 2%、5% 和 10% 的复合材料最初表现为瞬态较高磨损率,但在累积了一定磨损体积(单位:mm^3)后,过渡到磨损较低的稳定运行状态。图 3.9(b)中复合材料瞬态行为向稳态行为的转变点似乎发生在滑动距离为 7~15km 时。

无填充 PTFE 呈现高磨损率,含 10% 石墨烯/PTFE 复合材料呈现极低的磨损率,其对偶件表面的磨损痕迹分别如图 3.10(a)和(b)所示。在无填充 PTFE 对偶件的快速磨损表面,可以看到数百微米(表面尺寸)较大尺寸的片状磨屑。值得注意的是,在较低磨损率的含 10% 石墨烯-PTFE 复合材料的对偶件表面,可观察到磨损轨迹边缘(图 3.10(b)左侧磨痕)出现较小尺寸(通常远小于 $100\mathrm{\mu m}$)的磨损碎片。

图 3.10(c)和(d)为无填充和石墨烯填充 PTFE 的磨损表面。在无填充 PTFE 的光滑磨损表面,再次出现大型片状磨屑(图 3.10(c))。这是在材料剥离

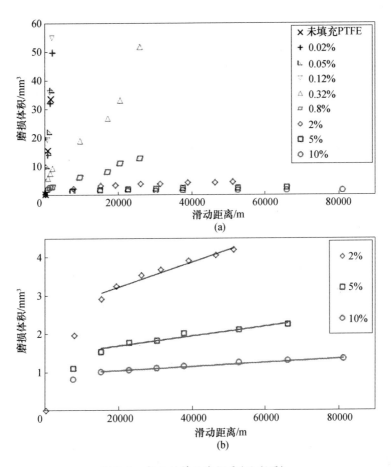

图 3.9 复合材料的磨损量(见彩图)
(摘自:Kandanur, S. S. et al, *Carbon*, 50, 3178 - 3183, 2012)
(a)未填充 PTFE 和不同质量分数含量(%)石墨烯填充 PTFE 的磨损量与滑动距离的关系;
(b)石墨烯填充量为 2%、5% 和 10% 时复合材料的磨损率(其中,
每一种复合材料的稳态性能都由一条趋势线表示,其斜率用来计算复合材料的稳态磨损率;磨损体积
测量的不确定度为 ±0.05mm^3)。

过程中产生的碎片,或附着在对偶件表面的转移膜碎片,伴随摩擦作用返回聚合物表面,最终又从接触界面处被挤压出来。石墨烯填充 PTFE 的磨损表面呈现滩涂状开裂的形貌。Burris 等人也曾发现[22],当填充粒径 80 nm 的 α 相氧化铝颗粒后,PTFE 相对耐磨,同时也出现了这种滩涂状形貌现象。与文献[22]的氧化铝填充 PTFE 纳米复合材料一样,这些约 10μm 尺寸的滩涂状表面区域,可能是受 PTFE 纤维限制所形成的浅裂纹。

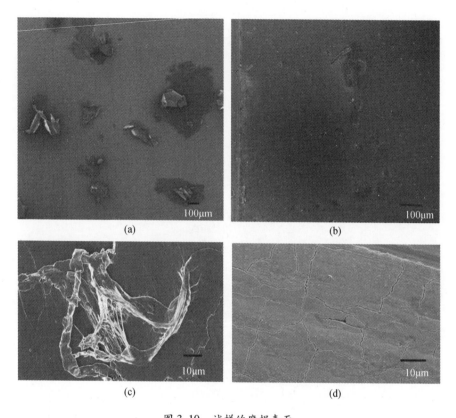

图 3.10 试样的磨损表面

(摘自:Kandanur, S. S. et al. , *Carbon*, 50, 3178 aying wear-r)

(a)未填充 PTFE 对摩件表面 SEM 显微图,显示磨屑的表面尺寸为数百微米;(b)含 10% 石墨烯-PTFE 的低磨损率材料的对摩件表面,磨损碎片较小;(c)未填充 PTFE 的磨损表面,表面有大片状碎片;(d)含 10% 石墨烯-PTFE 复合材料的磨损表面,具有滩涂状耐磨特征。

3.4 聚醚醚酮

聚醚醚酮(PEEK)具有良好的摩擦学性能和较高结合强度,是一种广泛使用的摩擦材料[77]。

短碳纤维填充 PEEK 复合材料的摩擦学性能不能直接与本体压缩强度、冲击强度等性能相关联[78]。原因是材料的摩擦学性能受滑动中表面层形成过程影响,而摩擦学性能(即摩擦系数和磨损率)取决于材料的表面行为,而不是其整体性能。同样的原因,纤维取向对纤维增强聚合物摩擦学性能的影响不同于对其本体性能(如拉伸性能和压缩性能)的影响。例如,单向纤维增强聚合物复合材料在粗糙表面滑动时,其表面应力随纤维取向的变化而变化,这是造成纤维失效的重要原因。

Cirino 等人[79]研究了纤维取向对含 55% 单向连续碳纤维(Unidirectional Continuous Carbon Fiber,CCF)增强 PEEK 磨料磨损行为的影响。结果表明,当纤维方向为法向(N 方向,参照图 3.11)时,复合材料耐磨性最好。复合材料在纤维方向与滑动方向反平行(AP 方向,参照图 3.11)时磨损率最高。

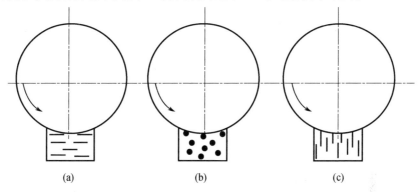

图 3.11 纤维取向示意图(摘自 Zhang, G. et al., Wear, 268,893 - 899, 2010)
(a)P 取向; (b)AP 取向; (c)N 取向。

Friedrich[80]研究了纤维取向对含55% 单向连续碳纤维填充 PEEK 在光滑钢表面滑动行为的影响。结果表明,纤维取向与滑动方向平行(P 取向)时耐磨性最佳,纤维取向与滑动方向垂直(AP 取向参照图 3.11)时的耐磨性最差。

Voss 和 Friedrich[72]研究了纤维取向对含质量分数 30% 短玻璃纤维(Short Glass Fiber,SGF,约 18% ,其中玻璃纤维(Glass Fiber)表示为 GF)填充 PTFE 复合材料摩擦学性能的影响。结果表明,当复合材料在光滑钢表面滑动时,滑动方向与纤维方向呈法向时(N 取向),其耐磨性最好。然而,在 P 取向和 AP 取向也得到过耐磨性较好的试验结果,磨损率差异不大。综上所述,目前还不能确定哪一种纤维取向对纤维增强聚合物的耐磨性贡献最大。

纤维取向对复合材料摩擦学性能的影响因素包括:纤维类型(如玻璃纤维或碳纤维)、纤维长宽比(如短碳纤维或单向连续碳纤维)、纤维比例和磨损条件(滑动磨损或磨损表面粗糙度较大的黏附磨损)。对于短碳纤维增强聚合物,基体磨损、纤维磨损减薄、开裂和脱黏是决定复合材料摩擦学性能的重要机制[20,81,82]。特别在较高接触压力下,纤维的断裂和脱黏是决定纤维增强聚合物耐磨性的重要因素。考虑到在滑动过程中纤维的主要作用是承受载荷,因此,纤维比例、纤维/基体的附着力和名义压力都会影响纤维的加载状态及其损坏,这些因素也会影响纤维取向与材料摩擦性能的关系。

短碳纤维-PTFE-石墨(每个填充材料的体积分数均为10%)填充的PTFE是一种广泛应用的独特摩擦材料。然而,短碳纤维的纤维取向对材料摩擦特性的影响,特别是含少量短碳纤维的PEEK复合材料,却鲜有研究。以下研究内容为纤维取向和名义压力对短碳纤维-PTFE-石墨(每种填料为10%)填充的PEEK的摩擦学行为的影响[83]。图3.12(a)为平均摩擦系数随表面压力和纤维

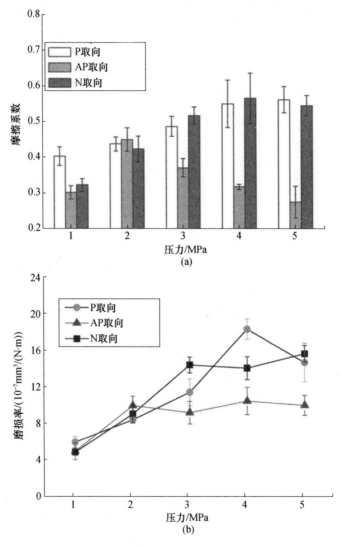

图3.12 三个纤维取向材料的摩擦学性能
(摘自:Zhang, G. et al., *Wear*, 268, 893-899, 2010)
(a)平均摩擦系数与表面压力的关系;(b)平均单位磨损率与表面压力的关系。

取向的变化情况。在P取向和N取向时,摩擦系数随名义压力的增大而增大。在1MPa压力下,N取向的摩擦系数小于P取向的摩擦系数,但与AP取向的摩擦系数相当。在名义压力大于2MPa时,P和N取向的摩擦系数相当。在名义压力大于3MPa时,AP取向的摩擦系数明显低于P和N取向的摩擦系数。这种趋势在压力较高时更为明显。

图3.12(b)为复合材料的磨损率随压力和纤维取向的变化关系。P方向纤维取向,名义压力从1MPa增加到4MPa时,摩擦系数和磨损率逐渐升高。当压力从4MPa增加到5MPa时,磨损率略有下降。AP方向纤维取向,压力从1MPa增加到2MPa,导致磨损率增加。然而,压力从2MPa进一步提高到5MPa时,对磨损率的影响并不显著。N方向纤维取向,压力从1MPa增加到5MPa,磨损率单调递增。在1~2MPa的低压力下,三个纤维方向的磨损率基本相同。然而,在高压力下,AP取向的磨损率明显低于P和N取向的磨损率。

从上述结果可知,纤维取向对复合材料的摩擦学性能有显著影响,纤维取向的影响与名义压力有很强关联性。该研究表明,特别是在较高名义压力下,复合材料在AP取向上表现出最佳的摩擦学性能。这种趋势不同于体积分数含量55%单向连续碳纤维填充PEEK[80]和质量分数含量30% SGF填充PEEK的情况。其差异可以归结为纤维长度、纤维组分、纤维/基体附着力和纤维类型等方面的影响。

与基体相比,大部分负载由短碳纤维支承,并主要体现耐磨作用。因此,磨损碎片大多堆积在短碳纤维附近。此时,纤维磨损可能是磨损率的主导因素[81]。与P纤维取向相比,在AP纤维取向材料的短碳纤维附近观察到的磨损碎屑较少。此外,在P纤维取向上,磨损表面有明显的碳纤维破碎和分离。N纤维取向与AP纤维取向相似,磨屑倾向于在短碳纤维附近堆积,纤维失效较少见。通常认为,纤维失效会导致磨损率相对较高。

由图3.12可知,低载荷下,无论纤维是否发生失效,AP纤维取向和N纤维取向的磨损率与P纤维取向相似,或略高于P纤维取向(小于2MPa)。这说明在低压力时,除短碳纤维失效外,纤维材料磨损减薄也是影响磨损率的重要因素。

碳纤维具有由碳层组成的层状结构,其中碳原子排列在一个六角形单元格中[84],不同的碳层通过弱范德华键相互连接。在碳纤维中,碳层优先平行于纤维轴,因此,碳纤维表现为高度的各向异性;其沿着纤维轴方向比垂直于纤维轴方向表现出更强的力学性能,例如两个方向上拉伸和压缩强度不同。

虽然在上述研究中没有直接证据说明单独纤维(无基体材料)的摩擦学各向异性,但可以推断沿纤维轴线的力学性能越强,该方向的耐磨性越好。如果这个推断成立,沿短碳纤维轴线的磨损要少于垂直于纤维轴线或纤维轴线法向的磨损。在复合材料摩擦学体系中,在低压力下,短碳纤维失效尚不严重,而纤维P取向时短碳纤维磨损率较低,故其耐磨性较好。因此,短碳纤维磨损和短碳纤维失效是一对体现纤维取向对复合材料摩擦学效果影响的竞争因素。

3.5 酚类

近年来,织物增强聚合物基复合材料由于其在飞行器、航空、高速铁路、汽车等领域的广泛应用,引起了商业界和学术界的广泛关注[85-87]。与其他聚合物基复合材料相比,织物在纵向和横向均能表现出力学增强效果,并具有适应弯曲表面而不起褶皱的能力[88]。

织物自润滑衬层是一种编织聚合物复合材料,广泛应用于球面自润滑滑动轴承、轴颈轴承、航空航天等诸多工业领域[89-91]。织物自润滑衬层是一种固体润滑材料,具有摩擦小、机械强度高、耐冲击性高、可设计性能好、低成本、高效能等特点。近十年来,结合纳米技术的织物自润滑衬层,为制备具有优异机械、热、电动力学和摩擦学性能的新材料提供了一种全新途径[92-94]。例如,在织物中采用分散良好的纳米填充材料,或者纳米材料与聚合物结合,由此产生了一种新型的混合材料——纳米聚合物复合材料。纳米聚合物复合材料已在不同领域中获得了日益广泛的应用[95-97]。

将矿物硅酸盐作为增强剂或填充材料加入到聚合物基质中由来已久[98,99],因此矿物硅酸盐也可作为一种纳米填充材料。利用良好分散的矿物硅酸盐增大基质的层间距离,当基质的聚合物链进入层间区域,形成聚合物/层状硅酸盐纳米复合材料时,多层复合材料结构由此形成。硅酸盐的天然层状结构使其具有良好的固体润滑性能[100],其与基质的相互作用机理已得到较为完善的研究[101]。

有机蒙脱石(OMMT)-酚醛(PF)纳米复合材料,可作为复合基体与织物结合,制备自润滑衬层,这种自润滑衬层可通过多种摩擦学测试考察其性能。有研究试图通过改善复合材料的摩擦学性能,来延长含有织物的自润滑衬层产品的使用寿命[102]。图3.13为OMMT质量分数含量2%的织物自润滑衬垫在0~4h(图3.13(a))和10~14h(图3.13(b))内的平均摩擦系数变化曲线。在摩擦初期,各衬层的摩擦系数基本相同。当摩擦时间大于28h,各衬层的平均摩擦系数明显不同:OMMT质量分数含量为2%的衬层摩擦系数最低,而OMMT质量分数含量为5%的衬层摩擦系数最高。

图3.14为三种织物自润滑衬层的磨损情况。从图中可观察到,单一基体材料衬层和含质量分数5% OMMT衬层的磨损过程基本分为两个阶段:剧烈磨损和快速磨损(0~8h)、轻微磨损和稳定磨损(8~44h)。然而,在试验过程中,含

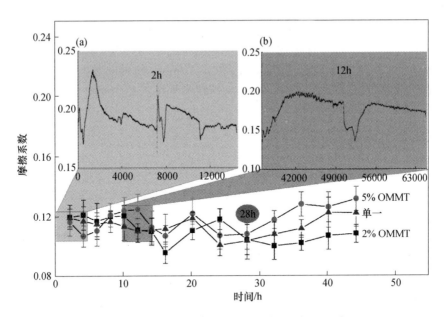

图3.13 不同织物自润滑衬层在长时间摩擦下的平均摩擦系数
(摘自:Fan, B. et al., *Tribol. Lett.*, 57, 22, 2015)
(a)0~4h;(b)10~14h。

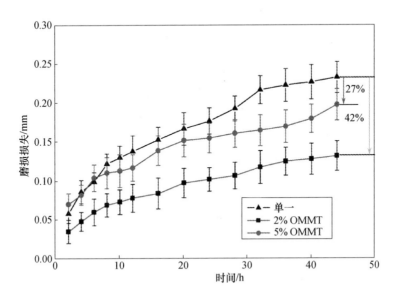

图3.14 不同织物自润滑衬层在长时间摩擦下的磨损损失
(摘自:Fan, B. et al., *Tribol. Lett.*, 57, 22, 2015)

质量分数2%OMMT的衬层磨损曲线似乎呈现出单调增加的趋势,曲线没有任何转折过渡。在早期磨损阶段(0~8h),单一基体材料衬层和含质量分数5%OMMT的衬层磨损均较快,但含质量分数2%OMMT的衬层磨损损失小于前两者;在后续的磨损过程中,三种材料的磨损损失程度才趋于明显。由此可知,含质量分数2%OMMT的衬层耐磨性最好,即磨损损失最低,其次是含质量分数5%OMMT的衬层和单一基体材料衬层。试验44h后,单一基体材料衬层和含质量分数2%、5%OMMT衬层的材料损失分别为0.233mm、0.132mm和0.170mm。与单一基体材料衬层相比,OMMT质量分数含量为2%和5%的衬层磨损损失分别减少了42%和27%。总之,适当添加OMMT,特别是在OMMT质量分数含量为2%时可以提高织物自润滑衬层的耐磨性。

图3.15(a)为不同衬层在摩擦2h后的磨损损失。含质量分数2%OMMT的衬层耐磨性最好,且两种复合材料衬层的磨损损失均小于单一基体材料衬层。此外,图3.15(b)比较了不同摩擦时间下含质量分数2%和5%OMMT衬层的磨损损失。结果表明,含质量分数2%OMMT的衬层具有明显的优势,且这种优势随摩擦时间增加而增大。因此,OMMT-聚合物复合材料的低剪切变形降低了衬层材料的摩擦和/或磨损。然而,随着OMMT含量的增加,复合材料的层间距离减小,聚合物链的可迁移概率降低,从而阻碍了聚合物链渗透到硅酸盐颗粒的层间区域,反而破坏了聚合物基体中颗粒分散的均匀性,由此使颗粒团聚更加明显[103]。颗粒团聚会增加表面粗糙度,破坏摩擦表面和阻碍转移膜的均匀形成,进而又加速了衬层的磨损。

诺梅克斯(Nomex)纤维是一种芳纶纤维,具有强度高、阻燃性好、化学结构稳定、耐化学腐蚀和耐磨性好等优异性能,是开发纤维增强聚合物基复合材料的良好原料[104-107]。由此开发的Nomex织物或Nomex-酚醛复合材料,被应用于军事和工业领域的服装、衬层和结构材料中[108-111],这些应用领域均需要材料具备良好的抗磨和承载性能。然而,Nomex纤维表面的惰性阻碍了织物与树脂基底的紧密结合,从而影响了Nomex纤维增强聚合物基复合材料的磨损性能。因此,迫切需要寻求一种提高Nomex纤维增强聚合物复合基材料磨损性能的方法。

一种提高复合材料摩擦学性能的通用方法是填料补强。在基体中加入填料通常可以提高复合材料的耐受力,降低摩擦系数,提高耐磨性和耐热性能[112,113]。从石墨中剥离出来的石墨烯,具有层状结构,层间剪切强度低、热稳定性好,是良好的固体润滑剂材料[114-118]。近年的研究表明,石墨烯填充聚合物基复合材料与原聚合物相比,摩擦系数和磨损率显著降低,摩擦学性能获得了增强[65,119,120]。

采用石墨烯和聚苯乙烯功能化石墨烯(PS-graphene)为填料制备自润滑复合材料,以改善诺梅克斯织物/酚醛复合材料的摩擦学性能。其中,诺梅克斯

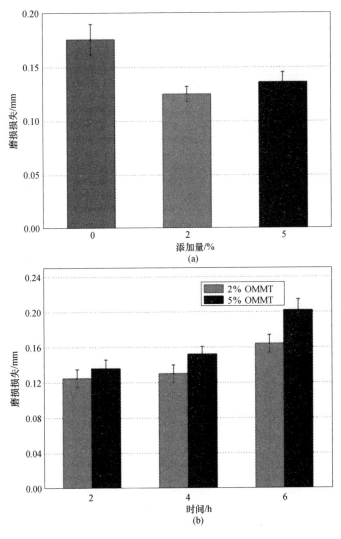

图 3.15 不同衬层在高速/轻载摩擦下的磨损损失
(摘自:Fan, B. et al., *Tribol. Lett.*, 57, 22, 2015)
(a)三种织物自润滑衬层;(b)含有 2% 和 5% OMMT 的衬层。

(Nomex)为上述芳族聚酰胺纤维的一种商用材料。通过磨损试验发现,石墨烯和 PS-石墨烯填充诺梅克斯织物-酚醛复合材料的摩擦学性能均优于未填充和单一石墨填充的复合材料。文献[111]对填料含量、载荷和滑动速度对诺梅克斯织物-酚醛复合材料摩擦学性能的影响进行了研究,并以此为基础,探讨了改善其摩擦学性能的原因。

未填充和不同填充物含量的诺梅克斯织物复合材料的摩擦系数、磨损率和结合强度如图 3.16 所示。结果表明,填料含量对织物复合材料的摩擦磨损性能有较大影响,所有填充润滑剂的 Nomex 织物复合材料的摩擦系数均明显低于未填充的 Nomex 织物复合材料。填充质量分数为 1% 润滑剂后,Nomex 织物复合材料的磨损率降低;当润滑剂质量分数增加到 2% 时,填充后的 Nomex 织物复合材料的磨损率最低。同时发现,2% 聚苯乙烯(Poly Styrene,PS)–石墨填充 Nomex 织物–酚醛复合材料比 2% 石墨填充 Nomex 织物–酚醛复合材料具有更低的摩擦系数和更好的抗磨性能。然而,随着填料含量的进一步增加,复合材料结合强

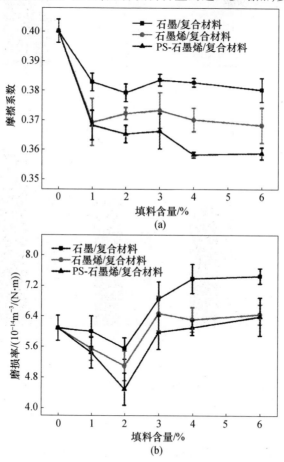

图 3.16 不同填料含量的 Nomex 织物复合材料的摩擦学性能
(试验载荷为 110N,滑动速度为 0.28m/s)
(摘自:Ren, G. et al., *Compos. Part A: Appl. Sci. Manufact.*, 49,157–164, 2013)
(a)摩擦系数;(b)磨损率。

度降低,导致填充后的 Nomex 织物复合材料的磨损率增加。

如图3.17(a)和(d)所示,未填充的 Nomex 织物复合材料表面光滑,没有片状物附着。根据相关文献的研究结果[121-122],对于石墨烯填充的 Nomex 织物复合材料,石墨烯纳米薄片附着在 Nomex 纤维表面,分散于酚醛树脂中(图3.17(b))。从图3.17(e)可清楚观察到石墨烯纳米薄片聚集在纤维表面,可能会阻碍Nomex 织物与酚醛树脂之间的紧密结合。对于聚苯乙烯-石墨烯填充的 Nomex 织物复合材料,石墨烯纳米薄片的聚集量减少,尺寸缩小(图3.17(c)和(f)),大多数石墨烯纳米薄片均匀分散在纤维表面和酚醛树脂中。此外,石墨烯填充和聚苯乙烯-石墨烯填充的 Nomex 织物复合材料断口的变化特征,也证实了聚苯乙烯-石墨烯在 Nomex 织物复合材料中的分散比石墨烯均匀得多(图3.17(g)~(i))。

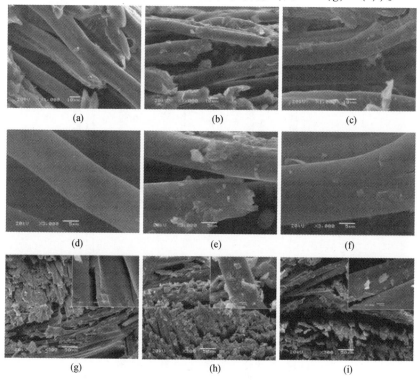

图 3.17 Nomex 织物复合材料的 SEM 图像

(摘自:Ren, G. et al., *Compos. Part A: Appl. Sci. Manufact.*, 49, 157-164, 2013)
(a)未填充;(b)石墨烯填充;(c)聚苯乙烯-石墨烯填充;(d)、(e)和(f)分别为(a)、(b)和(c)的放大图;(g)、(h)、(i)分别为未填充、石墨烯填充和聚苯乙烯-石墨烯填充的 Nomex 织物复合材料的断口形貌。

另外,聚苯乙烯-石墨烯填充的 Nomex 织物复合材料由于界面具有较强的机械链接和共价键合,其填充剂/基体结合强度优于石墨烯填充的 Nomex 织物复合材料[123-125]。改善 Nomex 织物复合材料的填充剂分散性和增强界面结合强度,都有利于降低摩擦系数,提高抗磨性能。

施加载荷对未填充、石墨烯填充和聚苯乙烯-石墨烯填充的织物复合材料摩擦磨损性能的影响研究,结果如图 3.18 所示。基本上,三种复合材料的摩擦系数均随载荷的增大而减小(图 3.18(a)),磨损率随载荷的增大而增大(图 3.18(b))。其中,随着载荷增加,聚苯乙烯-石墨烯填充织物复合材料的磨损率

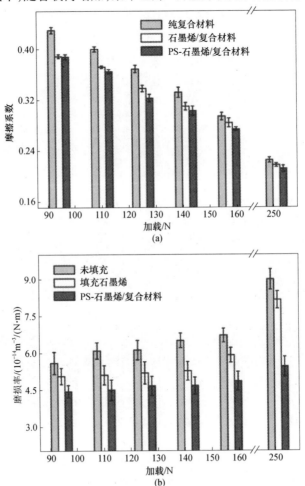

图 3.18 未填充、填充石墨烯和聚苯乙烯-石墨烯填充 Nomex
织物复合材料的摩擦学性能与施加载荷的关系

(摘自:Ren, G. et al., Compos. Part A: Appl. Sci. Manufact., 49, 157-164, 2013)

(a)摩擦系数;(b)磨损率。其中试验的滑动速度为 0.28m/s。

略有增加。各载荷作用下复合材料的摩擦系数、磨损率、磨损表面温度均服从"聚苯乙烯-石墨烯填充复合材料<石墨烯填充复合材料<未填充复合材料"的顺序。因此,聚苯乙烯-石墨烯填充增强了复合材料抗磨性能和承载能力,尤其适合重载条件。

在固定载荷为 94.1N 时,对三种 Nomex 织物复合材料摩擦学性能与滑动速度的关系进行了研究,结果如图 3.19 所示。可知,当滑动速度在 0.28～0.73m/s

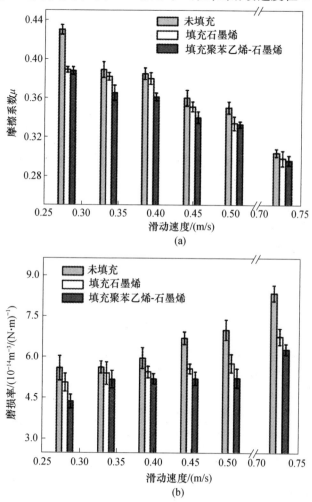

图 3.19 滑动速度对未填充、填充石墨烯和聚苯乙烯-石墨烯填充 Nomex 织物复合材料摩擦学性能的影响

(摘自:Ren, G. et al., *Compos. Part A: Appl. Sci. Manufact.*, 49, 157-164, 2013)

(a)摩擦系数;(b)磨损率。

范围内时,三种复合材料的摩擦系数变化各不相同。随滑动速度的增加,未填充复合材料的磨损率明显增加。对于填充复合材料,特别是聚苯乙烯-石墨烯填充复合材料,即使滑动速度为 0.73m/s,磨损率变化也不明显。在研究的所有滑动速度中,复合材料的摩擦系数、磨损率和表面摩擦温升,均服从"聚苯乙烯-石墨烯填充复合材料＜石墨烯填充复合材料＜未填充复合材料"的顺序。其原因为,随着滑动速度增加,摩擦表面上更容易形成转移膜,将改善摩擦表面的润滑条件,从而降低摩擦系数。而磨损率正好相反,随滑动速度增加而增加。在较高速度下进行较长时间的滑动,可能会产生过量的摩擦热,使复合材料的机械强度和承载能力降低。

3.6 聚酰亚胺

聚酰亚胺(Poly Imide,PI)由于优异的性能和易合成性,是工业领域的优质聚合物材料[126-128]。聚酰亚胺具备非常优异的综合性能,如优异的力学性能、高介电性能、突出的耐热性、耐酸耐碱性能、良好的低温或高温摩擦润滑特性[129,130]。因此,广泛用于航空航天、汽车、微电子等行业。在一些领域,聚酰亚胺已经取代了传统钢材,这对于减少钢材用量具有重要意义[131]。然而,纯聚酰亚胺本身的摩擦系数较大,磨损率较高,限制了其在动态构件上的应用,如作为轴承材料[132]。如果引入纤维[133]、纳米颗粒[134,135]、固体润滑剂[136]等,可极大地降低聚酰亚胺的摩擦系数和磨损率。

将各种纤维或颗粒引入聚酰亚胺基体中,是改善聚酰亚胺摩擦学性能的有效途径。例如,采用聚合物共混工艺可实现这一目的。引入具有良好润滑性能的 PTFE,可在复合材料表面形成摩擦系数低、耐磨性高的转移膜(聚酰亚胺和 PTFE 混合物)。与纯聚酰亚胺和纯 PTFE 相比,含有聚酰亚胺-PTFE 复合材料的聚合物合金的摩擦学性能更好[137,138]。

再者,一些纤维,如碳纤维、玻璃纤维和碳纳米管,通常被引入聚合物。由于纤维的缠绕和承载能力,提高了纤维填充聚合物基复合材料的力学性能。同时,即使纤维断裂,仍能保持良好的承载能力,这使得聚合物/纤维复合材料具有较高的耐磨性[139-141]。

几乎所有类型的纳米颗粒都可以作为聚合物基复合材料的增强相,如 Al_2O_3、ZrO_2、ZnO、TiO_2 和 $Cu^{[142-145]}$。聚合物基体中含有刚性纳米粒子,不仅可以支撑载荷,还可以在表面形成类似微型滚动轴承的结构,从而降低摩擦系数。此外,在表面上产生的自润滑转移膜将聚合物基复合材料与对偶件隔离,有利于降低复合材料的磨损[146,147]。然而,并不是所有的纳米粒子都能提高聚合物基复合材料的摩擦学性能。一些纳米粒子加入聚合物基体中,在一定程度上也会降低聚合物基复合材料的摩擦学性能[148,149]。但是,为了提高聚合物基复合材料的摩擦学性能,添加一些纳米级固体自润滑材料确实非常必要,这主要取决于添加材料的自润滑性能[150,151]。

氧化锌(ZnO)具有优异的力学性能[152],被广泛用作各种聚合物的增强填料。Li 等人[73]发现,含体积分数为 15% ZnO 的 PTFE 复合材料的磨损体积仅为纯 PTFE 的 1%。Chang 等人[153]发现,在超高分子量聚乙烯(UHMWPE)中填充质量分数为 10% 的 ZnO 纳米粒子,其耐磨性和抗压强度比纯 UHMWPE 分别提高 30% 和 190%,达到了最佳的复合材料摩擦学和力学性能。据笔者所知,有关 ZnO 纳米粒子对聚酰亚胺基纳米复合材料摩擦学和力学性能影响的研究较少。目前,研究有关于 ZnO 纳米粒子增强 PTFE-聚酰亚胺共混聚合物,探索其发挥最佳摩擦学和力学性能时的载荷情况。为明晰 ZnO 在纳米复合材料中的增强作用,需要研究复合材料的磨损表面、转移膜和冲击断裂面的微观结构[154]。

图 3.20 为 ZnO-PTFE-聚酰亚胺纳米复合材料的磨损体积损失和摩擦系数随 ZnO 含量的变化关系。随着 ZnO 含量的增加,磨损体积损失和摩擦系数均有所减小,在 ZnO 质量分数含量为 3% 时达到最小值,随后开始增大。其中,用 3% ZnO 增强的纳米复合材料的磨损体积损失比 PTFE-聚酰亚胺共混聚合物的磨损体积损失减小 20%。随着 ZnO 含量的进一步增加,聚合物链不足以遮盖较

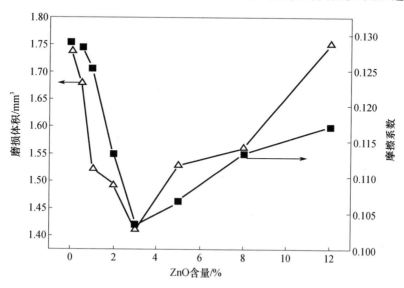

图 3.20 ZnO 含量对复合材料磨损量和摩擦系数的影响。其中负载 100N,滑动速度 1.4m/s
(摘自:Mu, L. et al., *J. Nano.*, 16, 373, 2015)

大的暴露出 ZnO 纳米颗粒的摩擦表面,因此纳米颗粒容易发生团聚,对聚合物基体的界面结合强度产生负面影响。因为界面结合强度较弱的材料连接较弱,表面易被磨损剥离,导致摩擦性能变差。在 200N 荷载作用下,滑动速度对各试件的磨损体积和摩擦系数的影响如图 3.21 所示。可知,在 0.69m/s 和 1.4m/s 的滑动速度下,磨损体积和摩擦系数的变化趋势相同。ZnO-PTFE-聚酰亚胺纳

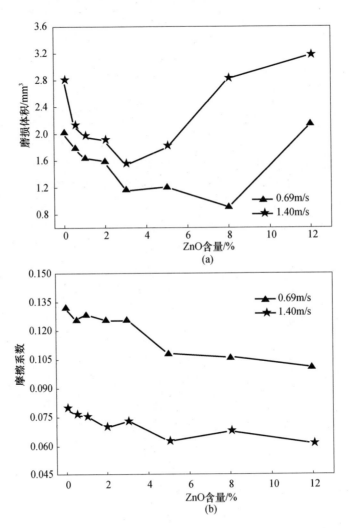

图 3.21 在载荷 200N,滑动速度分别为 1.4m/s 和 0.69m/s 时,
含 ZnO 复合材料的摩擦学特性
(摘自:Mu, L. et al., *J. Nano.*, 16, 373, 2015)
(a)磨损体积;(b)摩擦系数。

米复合材料的磨损体积先降低到最小值,然后增大。在1.4m/s较高的滑动速度下,质量分数含量3%的ZnO的复合材料磨损量最小,而在0.69m/s较低的速度时,质量分数含量8%的ZnO的复合材料磨损量达到最小值。ZnO纳米粒子作为摩擦界面之间的滚动球体,必将减少界面摩擦力,提高摩擦学性能[155]。因此,相对较低的滑动速度下,纳米复合材料在摩擦界面上会积累较多数量的ZnO纳米颗粒进行滚动[156];在较高的滑动速度下,较大的剪切力和摩擦力有利于从聚合物基体中拉出ZnO纳米粒子,并使其聚集在摩擦界面处。

图3.22为摩擦试验后在对偶钢环上形成转移膜的光学显微图像。PTFE-聚酰亚胺的转移膜粗糙且不连续(图3.22(a)),容易从磨损轨迹上脱落,对滑动过程的耐磨性产生不利影响。显而易见,ZnO质量分数含量3%的复合材料形成了连续的、均匀的、光滑的转移膜,有利于保持摩擦过程的稳定,从而获得最佳的摩擦学性能(图3.22(b))。当ZnO质量分数含量增加到12%时,转移膜再次

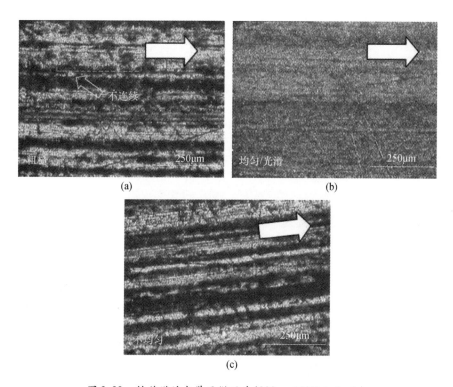

图3.22 转移膜的光学显微照片(200×,100N,1.4m/s)

(摘自:Mu, L. et al., *J. Nano.*, 16, 373, 2015)

(a)PTFE-聚酰亚胺;(b)3%ZnO-PTFE-聚酰亚胺和(c)12%ZnO-PTFE-聚酰亚胺。

其中箭头表示滑动方向。

变得不均匀,说明过量的 ZnO 会阻碍光滑的转移膜的形成(图 3.22(c))。试验结果表明,过量的 ZnO 含量,使复合材料磨损体积增大。因此,只有在 PTFE-聚酰亚胺共混物中加入适量的 ZnO 可形成光滑、连续的转移膜,才有利于提高材料的摩擦学性能。

图 3.23 显示了不同 ZnO 纳米颗粒含量对于摩擦过程的作用。在 ZnO 含量较低时,由于其在基体中良好的分散性,ZnO 颗粒与聚合物相互作用,摩擦界面由球体滚动效应主导(图 3.23(a))。反之,过量的 ZnO 会导致严重的团聚效应,影响纳米复合材料整体的完整性,破坏摩擦界面生成转移膜(图 3.23(b)),因此,磨损表面有剥落的碎屑(参考图 3.5(c)),环形对偶件表面也有不连续的粗糙转移膜(图 3.22(c))。

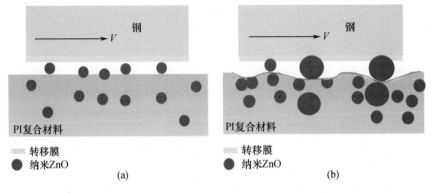

图 3.23　不同体积分数 ZnO 的作用示意图
(摘自:Mu, L. et al., *J. Nano.*, 16, 373, 2015)
(a)低体积分数;(b)高体积分数。

碳球是碳的同素异形体之一,由于其表面性质易变,常用空心球形材料的模板制备,又由于其具有密度小、比表面积大、化学稳定性好等优点,具有良好的导电性和稳定性,因此可作为电化学领域应用的电极材料[157,158]。虽然许多领域都针对碳球进行了研究[159-163],但少有对其摩擦学性能方面的研究。

C60 是一种球形碳,通过将其引入某种机械和热稳定的聚合物中(如聚酰亚胺),可改善聚合物的摩擦学行为。最近,纯 C60 在一定条件下已被证明具有相当低的摩擦系数[164]。Pozdnyakov 等人[165]研究了含嘧啶的聚酰亚胺涂层与聚酰亚胺-C60 复合材料的滑动摩擦磨损特性。结果表明,C60 的引入可进一步改善涂层的磨损特征,其特定磨损率低于 $2 \times 10^{-7}\,\mathrm{mm}^3/(\mathrm{N \cdot m})$。同时证实,C60 分子与聚酰亚胺之间的相互作用可减少复合涂层的磨损。

文献[166]采用原位聚合法制备了聚酰亚胺-碳球微米复合材料,采用万能摩擦磨损试验机研究了聚酰亚胺-碳球微米复合薄膜在干摩擦、纯水润滑和海水润滑条件下的摩擦学性能,并且讨论了聚酰亚胺-碳球微米复合材料的减摩抗磨机理。聚酰亚胺-碳球微米复合材料在干摩擦和海水润滑下的摩擦磨损行为对比如图 3.24 所示。由图 3.24(a)可知,聚酰亚胺-碳球微米复合材料在海水润滑条件下的摩擦系数小于干摩擦条件下的摩擦系数。特别是在海水润滑条件下,质量分数为 0.7% 的聚酰亚胺-碳球微米复合材料的摩擦系数最低。在图 3.24(b)中,当碳球质量分数大于 0.3% 时,聚酰亚胺-碳球微米复合材料在海水润滑作用下的磨损率要高于干摩擦作用下的磨损率。

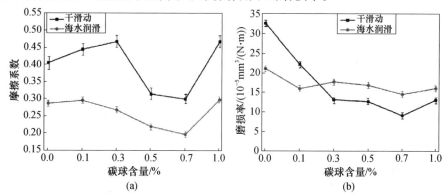

图 3.24 不同润滑条件下聚酰亚胺-碳球微米复合材料摩擦学特性随碳球含量的变化
(摘自:Min, C. et al., *Tribol. Inter.*, 90, 175-184, 2015)
(a)摩擦系数;(b)磨损率。其中滑动速度 0.1569m/s,持续时间 30min。

利用光学成像观察聚酰亚胺-碳球微米复合材料在滑动干摩擦条件下的磨损表面,如图 3.25 所示。纯聚酰亚胺的磨损表面有许多宽而深的沟槽,说明磨损严重(图 3.25(a))。在聚酰亚胺基体中加入碳球后,复合薄膜的磨损表面宽且深的沟槽明显减少(图 3.25(b)~(f))。随着碳球含量的增加,磨损表面相对光滑,没有产生凹槽,说明磨损行为由磨粒磨损转变为黏着磨损。由此可知,干摩擦条件下聚酰亚胺-碳球微米复合材料容易通过磨损与表面分离,形成转移膜,且复合材料磨损表面的损伤随着碳球含量的增加而减少。

毫无疑问,由于碳球的自润滑性能,无论在干摩擦,还是海水润滑条件下,引入碳球都可以显著提高聚酰亚胺的摩擦学性能。然而,由于聚酰亚胺-碳球微米复合材料受海水腐蚀后表面材料容易断裂的特性,当碳球含量较高时,水润滑条件下的磨损率要高于干摩擦条件。

通过扫描电镜(SEM)观察也可以发现,随着碳球的加入,复合材料断裂面变得粗糙,并出现了一些孔洞。随着碳球含量的增加,聚酰亚胺-碳球微米复合材料的致密性降低。在干摩擦条件下,复合材料伴随磨损逐渐分离,形成转移膜,累积到一定量的转移膜可提高聚酰亚胺-碳球微米复合材料的耐磨性。然

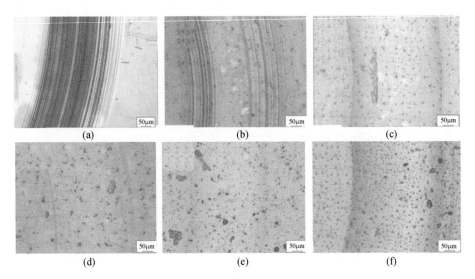

图 3.25　干摩擦条件下聚酰亚胺-碳球微米复合材料磨损表面光学照片
(摘自:Min, C. et al., *Tribol. Inter.*, 90, 175-184, 2015)
(a)聚酰亚胺;(b)0.1%聚酰亚胺/碳球;(c)0.3%聚酰亚胺/碳球;(d)0.5%聚酰亚胺/碳球;
(e)0.7%聚酰亚胺/碳球;(f)1%聚酰亚胺/碳球。
其中,载荷3N,滑动速度0.1569m/s,持续时间30min。

而在水润滑试验中,水有可能扩散到复合材料断裂面的孔洞区域中,导致材料塑化、膨胀和软化,其硬度和强度降低,从而降低了聚酰亚胺-碳球微米复合材料在水润滑条件下的耐磨性。因此,随着碳球含量的增加,聚酰亚胺-碳球微米复合材料在干摩擦下的耐磨性优于在水润滑下的耐磨性。此外,由于海水的腐蚀作用,聚酰亚胺-碳球微米复合材料在海水条件下的磨损率高于在纯水条件下的磨损率。

一项研究制备了具有纳米片状结构的膨胀石墨(Expanded Graphite With Nanoscale Lamellar Structure,Nano-EG),并对聚四氟乙烯-纳米膨胀石墨复合材料的自润滑性能进行了研究[167]。研究结果表明,纳米膨胀石墨的加入显著提高了PTFE复合材料的耐磨性。为了扩展其应用,需要研究纳米膨胀石墨含量对聚酰亚胺基复合材料摩擦学性能的影响,寻找一种可以用于滚动轴承或滑动轴承的,具有更好的自润滑性能和高耐磨性的聚酰亚胺基复合材料。

图3.26为所有测试的聚酰亚胺(PI)-纳米膨胀石墨(EG)复合材料与环试样的滑动摩擦系数和磨损率[168]。随着纳米膨胀石墨含量的改变,聚酰亚胺-纳米膨胀石墨复合材料的摩擦系数变化明显。当纳米膨胀石墨含量为零时(即纯聚酰亚胺),摩擦系数为0.354。即使在聚酰亚胺中加入少量的纳米膨胀石墨,

摩擦系数也有较大降低。对于填充了质量分数 5% 纳米膨胀石墨的复合材料，其摩擦系数为 0.17，几乎是纯聚酰亚胺的 1/2。填充质量分数 10% 纳米膨胀石墨后，其摩擦系数为 0.155，仅为纯聚酰亚胺的 44%。当纳米级膨胀石墨质量分数为 15% 时，摩擦系数为 0.135，达到最低点。之后，随着纳米膨胀石墨含量的增加，复合材料的摩擦系数波动范围很小。

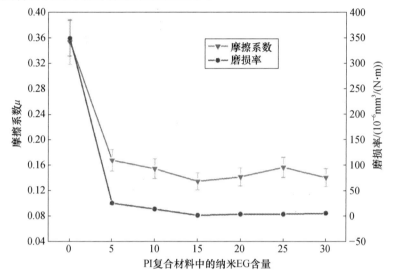

图 3.26　PI-纳米 EG 复合材料的摩擦系数和磨损率
（摘自：Jia, Z. et al., *Wear*, 338, 282-287, 2015）

由于纳米膨胀石墨本身即是一种良好的固体润滑剂，因此，聚酰亚胺-纳米膨胀石墨复合材料的抗磨性能很大程度上取决于纳米膨胀石墨的性质。从聚酰亚胺-纳米膨胀石墨复合材料的磨损率曲线也可得出，纳米膨胀石墨的加入显著提高了纯聚酰亚胺的耐磨性。当纳米膨胀石墨填充量为 15% 时，聚酰亚胺-纳米膨胀石墨复合材料的磨损率最低，达到 $1.8 \times 10^{-6} mm^3/(N \cdot m)$，耐磨性比纯聚酰亚胺（$349.7 \times 10^{-6} mm^3/(N \cdot m)$）提高近 200 倍。此外，与普通石墨相比，纳米膨胀石墨-聚酰亚胺复合材料具有更好的摩擦学性能[169,170]。

由图 3.26 可知，少量的纳米膨胀石墨就可使聚酰亚胺的磨损率显著下降。但随着纳米膨胀石墨含量的增加，聚酰亚胺-纳米膨胀石墨复合材料的磨损率先下降，然后在一定的范围内缓慢变化。随着纳米膨胀石墨的逐渐增加，聚酰亚胺-纳米膨胀石墨复合材料与 1045 钢对摩的接触区，不仅覆盖有聚酰亚胺基体材料，而且覆盖了更多的纳米膨胀石墨。由于纳米膨胀石墨独特的自润滑性能，使复合材料的抗磨性能不断提高。同时，聚酰亚胺良好的力学性能也使得复合材料仍具有较高的强度和硬度[171]，因此聚酰亚胺-纳米膨胀石墨的耐磨性较强。

然而，当纳米膨胀石墨填料含量超过15%时，聚酰亚胺-纳米膨胀石墨复合材料的磨损率随着纳米膨胀石墨含量的增加而逐渐增大。原因如下：首先，随着纳米膨胀石墨含量的增加，聚酰亚胺基底材料（综合力学性能良好）的含量比例降低，导致聚酰亚胺-纳米膨胀石墨复合材料的整体性能下降。此外，石墨含量的增加还不可避免地会加剧纳米颗粒的团聚效应。由于石墨的力学性能较差，团聚的纳米膨胀石墨可能演变为明显的缺陷-微孔，削弱了聚酰亚胺-纳米膨胀石墨复合材料的力学性能。而且，石墨含量的增加还会降低聚酰亚胺基体与纳米膨胀石墨之间的附着力，同样会导致复合材料力学性能下降[171]。因此，在摩擦力的作用下，石墨含量较高的聚酰亚胺-纳米膨胀石墨复合材料的耐磨性相对较低。然而，在所有的聚酰亚胺-纳米膨胀石墨复合材料中，磨损率仍然处于较低的水平，这可能是由于自润滑转移膜的产生导致表面剪切强度下降的原因。

图3.27为不同纳米膨胀石墨（EG）含量的聚酰亚胺（PI）-纳米膨胀石墨复合材料磨损表面的SEM图像。从显微照片上可以看到，纳米膨胀石墨的加入使磨损表面发生了巨大的变化。当EG含量较低时，磨损表面出现严重的黏着磨损和塑性变形深沟，如图3.27(a)所示。随着EG含量的增加，聚酰亚胺-纳米膨胀石墨的磨损表面光滑，只有少量的微划痕。这些微划痕浅而细，方向随机，且磨损碎片非常微小，如图3.27(b)所示。当纳米膨胀石墨含量超过一定值时，观察到磨损表面形貌的退化（图3.27(c)），局部区域出现严重的微裂纹，如图3.27(d)所示。这一现象也发生在其他具有较高纳米膨胀石墨含量的聚酰亚胺-纳米膨胀石墨复合材料中，这意味着过多的纳米膨胀石墨含量在一定程度上削弱了聚酰亚胺-纳米膨胀石墨复合材料各组分之间的结合强度。

从整体上看，尽管纳米膨胀石墨含量较高时，对聚酰亚胺-纳米膨胀石墨复合材料有一定的负面影响，但纳米膨胀石墨的自润滑性能仍然能够使聚酰亚胺-纳米膨胀石墨复合材料表面的摩擦系数保持较低水平。同时，由于保持了足够的残余抗压强度，因此聚酰亚胺-纳米膨胀石墨复合材料的磨损率也较低。

但是，纳米膨胀石墨的含量过高，会使其在聚酰亚胺基体中分布不均，出现团聚现象。团聚体周围的纳米颗粒也会发生应力畸变，这也是高填充量的纳米膨胀石墨复合材料表面出现明显微裂纹的原因。更为严重的是，纯聚酰亚胺试样表现出明显的黏着磨损和磨料磨损特征，划痕较深且较明显，如图3.27(e)所示。由于纯聚酰亚胺具有较大的剪切强度和较强的黏附作用，在表面微凸体与刚性对偶件的作用下，聚酰亚胺基体不断剥离，形成大量的黄色聚酰亚胺碎片，在试样表面也可观察到这种碎片。

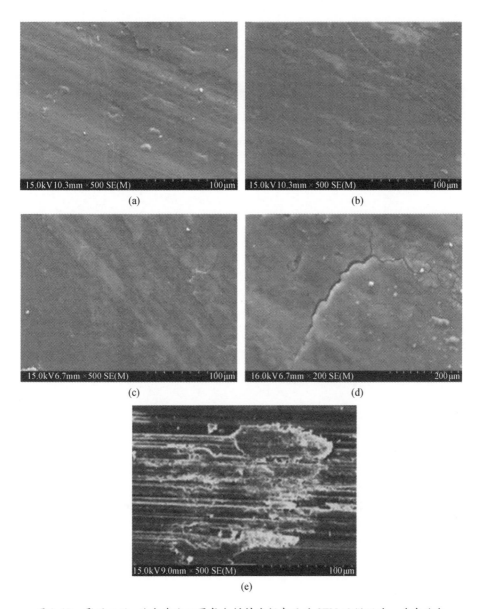

图 3.27 聚酰亚胺-纳米膨胀石墨复合材料磨损表面的 SEM 显微照片。其中纳米膨胀石墨质量百分含量分别为(a)10%,(b)15%,(c)和(d)30%,(e)纯聚酰亚胺(摘自:Jia, Z. et al., Wear, 338, 282-287, 2015)

图 3.28 为聚酰亚胺-纳米膨胀石墨复合材料填充不同质量分数的纳米膨胀石墨时,对摩件 1045 钢基体表面生成转移膜的 SEM 显微图像。当纳米膨胀石墨填料含量较低时,钢基体表面形成了较薄的转移膜,可以看到材料的原始加工

101

痕迹,如图 3.28(a)所示。当纳米膨胀石墨填充质量分数为 15% 时,钢基体表面形成的转移膜相对连续,覆盖了整个加工表面,摩擦痕迹浅而薄,如图 3.28(b)所示。随着纳米膨胀石墨含量的增加,转移膜变厚,表面出现更多的摩擦痕迹和磨屑,如图 3.28(c)和(d)所示,较好地吻合了上述分析结果。随着纳米膨胀石墨含量的增加,纳米膨胀石墨与聚酰亚胺树脂基体的结合力减弱,石墨本身强度几乎为零,导致聚酰亚胺-纳米膨胀石墨复合材料整体性能下降。此时,如果纳米膨胀石墨的含量超过一定阈值,磨损率就会开始增加。

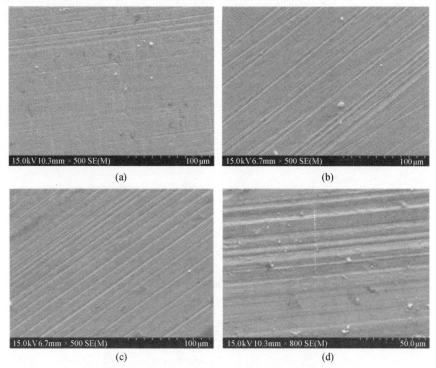

图 3.28 钢基体上形成转移膜的 SEM 显微照片,其中纳米膨胀石墨质量分数分别为 (a)10%,(b)15%,(c)20%,(d)30% (摘自:Jia, Z. et al., *Wear*, 338, 282–287, 2015)

3.7 聚酰胺

众所周知,聚酰胺 6(Poly Amide 6, PA6)具有较高的强度和较好的耐磨性,是一种制作齿轮和轴承的良好材料[172],但仍需进一步改进性能以满足更高要求的应用。因此,玻璃纤维[173]、纳米 Al_2O_3[174]、纳米 SiO_2[175]和黏土[176]等被用来改善聚酰胺 6 的力学性能和摩擦学性能。

具有极好力学性能和高径厚比的碳纳米管(Carbon Nanotubes,CNT)有望用于显著改善聚酰胺6的摩擦学行为,因此,对于聚酰胺6-碳纳米管复合材料在滑动干摩擦和水润滑条件下的摩擦磨损行为的研究非常重要。以下内容将集中阐明碳纳米管对聚酰胺6摩擦磨损行为的影响[177]。

纯聚酰胺6及其复合材料在滑动干摩擦和水润滑条件下,与不锈钢对偶件的摩擦系数随法向载荷的变化如图3.29所示。与纯聚酰胺6相比,聚酰胺6复

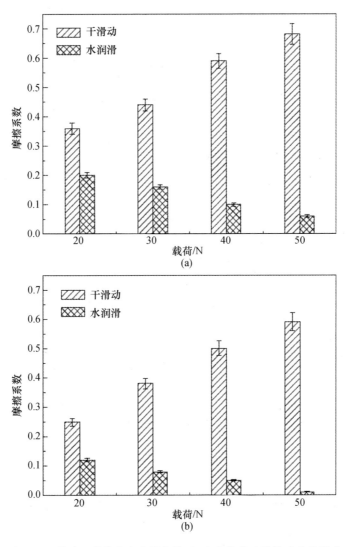

图3.29 滑动干摩擦和水润滑条件下,法向载荷对摩擦系数的影响
(a)纯聚酰胺6;(b)聚酰胺6复合材料。

合材料在所有条件下的摩擦系数均较低。这说明在滑动干摩擦和水润滑条件下,添加碳纳米管可以降低聚酰胺6的摩擦系数。由图3.29还可得出,在滑动干摩擦和水润滑条件下,法向载荷对聚酰胺6及其复合材料摩擦系数的影响方式不同。在滑动干摩擦条件下,聚酰胺6及其复合材料的摩擦系数随载荷的增大而增大。相反,在水润滑条件下,摩擦系数随法向载荷的增加而减小。

从上述分析可知,碳纳米管可作为聚酰胺6基底的有效增强材料。与纯聚酰胺6相比,聚酰胺6-碳纳米管复合材料具有更高的拉伸强度、弹性模量、显微硬度、结晶度和吸水性,从而使聚酰胺6-碳纳米管复合材料具有更高的承载能力。在滑动干摩擦时,由于摩擦热的累积,销试件表面温度升高,导致黏着摩擦迅速增加。但是,图3.29结果显示,由于碳纳米管的导热系数高于纯聚酰胺6,有助于摩擦累积热量的耗散,使得聚酰胺6-碳纳米管复合材料表面的温升低于纯聚酰胺6。

纯聚酰胺6及其复合材料在滑动干摩擦和水润滑条件下的磨损率随法向载荷的增加情况如图3.30所示。由试验结果可知,聚酰胺6复合材料在各种工况下的磨损率始终低于纯聚酰胺6。说明在滑动干摩擦和水润滑条件下,添加碳纳米管可以提高聚酰胺6的耐磨性。此外,聚酰胺6及其复合材料在水润滑条件下的磨损率始终高于滑动干摩擦时的磨损率,说明蒸馏水削弱了两种材料的耐磨性。

由图3.30还可得出,两种材料的磨损率随法向载荷的变化趋势相似。在滑动干摩擦和水润滑条件下,聚酰胺6及其复合材料的磨损率均随法向载荷的增大而增大,这与磨损损失与法向载荷成正比的研究结果一致[178]。测试结果也表明,与纯聚酰胺6相比,聚酰胺6-碳纳米管复合材料具有更高的强度、模量、结晶度和显微硬度,说明聚酰胺6复合材料的较高承载能力,是由于碳纳米管提供了增强作用。因此,从聚酰胺6复合材料磨损去除材料,比从纯聚酰胺6中去除更加困难,使得聚酰胺6复合材料在不锈钢中对偶面滑动时的耐磨性更高。

在50N法向载荷下,纯聚酰胺6及其复合材料在滑动干摩擦下的磨损表面扫描电镜图像如图3.31所示。由图3.31(a)可知,纯聚酰胺6的磨损表面非常粗糙,呈现拖拉和犁削痕迹,磨损机制以黏着磨损和犁沟磨损为主,且磨损轨迹平行于滑动方向。相比之下,聚酰胺6-碳纳米管复合材料的磨损表面相对光滑,黏着磨损和犁削效应显著降低(图3.31(b))。说明碳纳米管增强的聚酰胺6在不锈钢对偶面上滑动时不易划伤,该结果与聚酰胺6-碳纳米管复合材料耐磨性被提高是一致的。

此外,聚酰胺6-碳纳米管复合材料在滑动过程中释放的碳纳米管材料可能

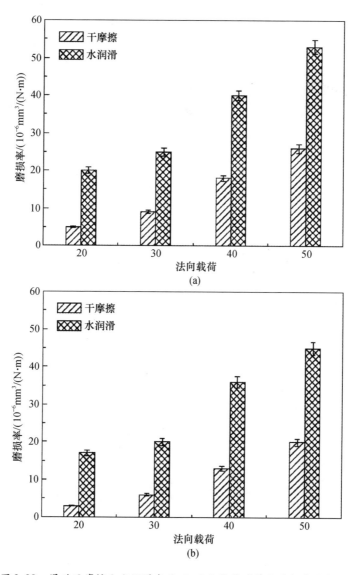

图 3.30 滑动干摩擦和水润滑条件下,法向载荷对单位磨损率的影响
(a)纯聚酰胺 6;(b)聚酰胺 6 复合材料。

会转移到聚酰胺 6 复合材料的接触区和表面。这些碳纳米管可作为固体润滑剂,防止两个配副表面直接接触,从而降低磨损率和摩擦系数。因此,可以推断,添加碳纳米管有助于抑制聚酰胺 6 在滑动干摩擦时与不锈钢对偶面的黏附和磨损,使得聚酰胺 6-碳纳米管复合材料比纯聚酰胺 6 基体具有更好的摩擦磨损性能。

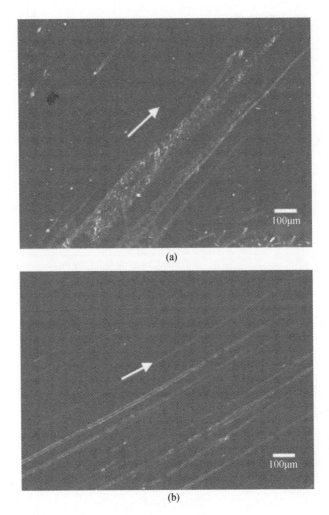

图 3.31 在滑动干摩擦情况下典型磨损表面的 SEM 图像
(a)纯聚酰胺6；(b)聚酰胺6-碳纳米管复合材料。其中滑动方向由白色箭头表示。

3.8 聚苯乙烯

聚苯乙烯(Poly Styrene,PS)是一种多用途的聚合物,在绝缘器件、家居包装、汽车工业等领域都有应用。聚苯乙烯聚合物材料的性能优异,如成本低、具有机械鲁棒性[179]、易用性和良好的加工性能等,使其成为理想的复合材料基底[180,181],也是一种重要的商业塑料。然而,聚苯乙烯也表现出较高温度下易燃的不良性质,使其不适合于摩擦学应用。由此促进了聚苯乙烯复合材料和聚苯乙烯纳米复合材料的研制,以降低其与金属接触时的摩擦系数和磨损率。

MoS_2由两层硫原子中间夹杂一层钼原子,组成夹层结构。由于MoS_2层间相互作用的范德华力较弱,使其摩擦系数较低,具有优异的润滑性能[182,183]。目前,正在开展的一项工作是将MoS_2与高分子聚合物材料(如聚苯乙烯)合成制备复合材料,并研究其热稳定性、润湿性、力学性能和摩擦学性能[184]。

由表3.1可知,当以质量分数为0.75%的MoS_2增强聚苯乙烯(PS)时,相比纯聚苯乙烯,复合材料的摩擦系数均有所降低。聚苯乙烯-MoS_2-OA-3摩擦系数的降幅最大为61%,聚苯乙烯-MoS_2-OA-2的摩擦系数降低了57%,聚苯乙烯-MoS_2-OA-1降低了7%。然而,相比纯聚苯乙烯,各试样的磨损轨迹深度均有所增加,增加最多的是聚苯乙烯-MoS_2-OA-3,磨损轨迹深度尺寸相当大。聚苯乙烯-MoS_2-OA-1和聚苯乙烯-MoS_2-OA-2的磨损程度也较纯聚苯乙烯试样高,磨损深度较大。

表3.1 聚苯乙烯及其聚合物试样的弹性模量、平均摩擦系数MoS_2油胺含量及磨损轨迹深度

试样名称	无机填充物含量/%	50%/℃	弹性模量			摩擦系数	磨损轨迹深度/μm
			$T=25℃$	$T=40℃$	$T=80℃$		
PS	0	407	1909	1930	1071	0.72	7
PS-MoS_2-OA-1	0.3	415	1978	1978	838	0.67	17
PS-MoS_2-OA-2	1.6	420	1918	1918	30	0.31	56
PS-MoS_2-OA-3	4.5	424	1734	1574	13	0.28	83

表3.1表明,随着试样刚度(弹性模量)的增加,似乎降低了磨损体积。Yu等人[185]和Wang等人[186]也发现了类似的结果:MoS_2对聚苯硫醚的耐磨性有不稳定影响,而石墨和PTFE一定可提高聚苯硫醚的耐磨性。在Yu等人和Wang等人的这两项研究中,润滑剂的添加浓度均很高(高于10%),高浓度的MoS_2会造成大多数聚合物复合材料的机械强度显著降低。因为在滑动过程,MoS_2倾向于从基体材料中分离和挤出,添加二硫化钼的主要负面影响是使材料的力学性能变差。

参 考 文 献

1. Bhushan B. *Modern Tribology Handbook*, Two Volume Set. CRC Press: Boca Raton, FL; 2000.
2. Seabra LsC, Baptista AM. Tribological behaviour of food grade polymers againststainless steel in dry sliding and with sugar. *Wear*. 2002;253:394-402.
3. Scharf T, Prasad S. Solid lubricants: A review. *Journal of Materials Science*. 2013;48:511-531.
4. Burris DL, Sawyer WG. A low friction and ultra low wear rate PEEK/PTFE composite. *Wear*. 2006;261:410-418.
5. Burris DL, Sawyer WG. Improved wear resistance in alumina-PTFE nanocomposites with irregular shaped nanoparticles. *Wear*. 2006;260:915-918.
6. McCook NL, Boesl B, Burris DL, Sawyer WG. Epoxy, ZnO, and PTFE nanocomposite: Friction and wear optimization. *Tribology Letters*. 2006;22:253-257.
7. Lancaster JK. Polymer-based bearing materials: The role of fillers and fibrereinforcement. *Tribology*. 1972;5:249-255.
8. Blanchet TA, Kennedy FE. Sliding wear mechanism of polytetrafluoroethylene (PTFE) and PTFE composites. *Wear*. 1992;153:229-243.
9. Ye J, Moore AC, Burris DL. Transfer film tenacity: A case study using ultra-low-wear alumina-PTFE. *Tribology Letters*. 2015;59:1-11.
10. Burris DL. Wear-resistance mechanisms in polytetrafluoroethylene (PTFE) based tribological nanocomposites, University of Florida: Gainesville, FL; 2006.
11. Burris DL, Zhao S, Duncan R, Lowitz J, Perry SS, Schadler LS et al. A route to wear resistant PTFE via trace loadings of functionalized nanofillers. *Wear*. 2009;267:653-660.
12. Krick BA, Ewin JJ, Blackman GS, Junk CP, Gregory Sawyer W. Environmental dependence of ultra-low wear behavior of polytetrafluoroethylene (PTFE) and alumina composites suggests tribochemical mechanisms. *Tribology International*. 2012;51:42-46.
13. Pitenis AA, Ewin JJ, Harris KL, Sawyer WG, Krick BA. In vacuo tribological behavior of polytetrafluoroethylene (PTFE) and alumina nanocomposites: The importance of water for ultralow wear. *Tribology Letters*. 2014;53(1):189-197.
14. Lancaster JK. Lubrication by transferred films of solid lubricants. *ASLE Transactions*. 1965;8:146-155.
15. Briscoe BJ, Pogosian AK, Tabor D. The friction and wear of high density polythene: The action of lead oxide and copper oxide fillers. *Wear*. 1974;27:19-34.
16. Briscoe B. Wear of polymers: An essay on fundamental aspects. *Tribology International*. 1981;14:231-243.
17. Bahadur S, Gong D, Anderegg JW. The role of copper compounds as fillers in transfer film formation and wear of nylon. *Wear*. 1992;154:207-223.
18. Briscoe BJ, Sinha SK. Wear of polymers. *Proceedings of the Institution of Mechanical Engineers, Part J*:

Journal of Engineering Tribology. 2002;216:401-413.

19. Bahadur S, Sunkara C. Effect of transfer film structure, composition and bonding on the tribological behavior of polyphenylene sulfide filled with nano particles of TiO_2, ZnO, CuO and SiC. *Wear.* 2005;258:1411-1421.

20. Friedrich K, Zhang Z, Schlarb AK. Effects of various fillers on the sliding wear of polymer composites. *Composites Science and Technology.* 2005;65:2329-2343.

21. McCook NL, Burris DL, Bourne GR, Steffens J, Hanrahan JR, Sawyer WG. Wear resistant solid lubricant coating made from PTFE and epoxy. *Tribology Letters.* 2005;18:119-124.

22. Burris DL, Boesl B, Bourne GR, Sawyer WG. Polymeric nanocomposites for tribological applications. *Macromolecular Materials and Engineering.* 2007;292:387-402.

23. Ye J, Burris DL, Xie T. A review of transfer films and their role in ultra-low-wear sliding of polymers. *Lubricants.* 2016;4:4.

24. Ojha S, Acharya SK, Raghavendra G. Mechanical properties of natural carbon black reinforced polymer composites. *Journal of Applied Polymer Science.* 2015;132. DOI:10.1002/app.41211.

25. Rabby M, Jeelani S, Rangari VK. Microwave processing of SiC nanoparticles infused polymer composites: Comparison of thermal and mechanical properties. *Journal of Applied Polymer Science.* 2015;132. DOI:10.1002/app.4170.

26. Barari B, Omrani E, Moghadam AD, Menezes PL, Pillai KM, Rohatgi PK. Mechanical, physical and tribological characterization of nano-cellulose fibers reinforced bio-epoxy composites: an attempt to fabricate and scale the 'Green' composite. *Carbohydrate Polymers.* 2016;147:282-293.

27. Omrani E, Barari B, Moghadam AD, Rohatgi PK, Pillai KM. Mechanical and tribological properties of self-lubricating bio-based carbon-fabric epoxy composites made using liquid composite molding. *Tribology International.* 2015;92:222-232.

28. Zhao Q, Bahadur S. Investigation of the transition state in the wear of polyphenylene sulfide sliding against steel. *Tribology Letters.* 2002;12:23-33.

29. Sch. nherr H, Vancso GJ. The mechanism of PTFE and PE friction deposition: A combined scanning electron and scanning force microscopy study on highly oriented polymeric sliders. *Polymer.* 1998;39:5705-5709.

30. Partridge IK. *Advanced Composites.* Elsevier: London, UK; 1989.

31. Harris B. *Engineering Composite Materials.* The Institute of Metals: London, UK; 1986.

32. Friedrich K, Lu Z, Hager A. Recent advances in polymer composites' tribology. *Wear.* 1995;190:139-144.

33. Friedrich K, Zhang Z, Schlarb AK. Effects of various fillers on the sliding wear of polymer composites. *Composites Science and Technology.* 2005;65:2329-2343.

34. Fusaro RL. Self-lubricating polymer composites and polymer transfer film lubrication for space applications. *Tribology International.* 1990;23:105-122.

35. Sandler J, Shaffer M, Prasse T, Bauhofer W, Schulte K, Windle A. Development of a dispersion process for carbon nanotubes in an epoxy matrix and the resulting electrical properties. *Polymer.* 1999;40:5967-5971.

36. Schadler L, Giannaris S, Ajayan P. Load transfer in carbon nanotube epoxy composites. *Applied Physics Letters.* 1998;73:3842-3844.

37. Cooper C, Young R, Halsall M. Mechanical properties of carbon nanotube. *Composites Part A: Applied Science and Manufacturing.* 2000;32:401.

38. Puglia D, Valentini L, Kenny J. Analysis of the cure reaction of carbon nanotubes/epoxy resin composites through thermal analysis and Raman spectroscopy. *Journal of Applied Polymer Science*. 2003;88:452–458.

39. Bennett S, Johnson D. Structural heterogeneity in carbon fibers. *Proceedings of the Fifth London International Carbon and Graphite Conference*. Society of Chemical Industry: London; 1978. p. 377.

40. Soule D, Nezbeda C. Direct basal-plane shear in single-crystal graphite. *Journal of Applied Physics*. 1968; 39:5122–5139.

41. Nak-Ho S, Suh NP. Effect of fiber orientation on friction and wear of fiber reinforced polymeric composites. *Wear*. 1979;53:129–141.

42. Stachowiak G, Batchelor AW. *Engineering Tribology*. Butterworth-Heinemann: Oxford, UK; 2013.

43. Suh NP, Sin H-C. The genesis of friction. *Wear*. 1981;69:91–114.

44. Larsen Tφ, Andersen TL, Thorning B, Vigild ME. The effect of particle addition and fibrous reinforcement on epoxy-matrix composites for severe sliding conditions. *Wear*. 2008;264:857–868.

45. Basavarajappa S, Ellangovan S, Arun K. Studies on dry sliding wear behaviour of graphite filled glass-epoxy composites. *Materials &Design*. 2009;30:2670–2675.

46. Zhi RM, Qiu ZM, Liu H, Zeng H, Wetzel B, Friedrich K. Microstructure and tribological behavior of polymeric nanocomposites. *Industrial Lubrication and Tribology*. 2001;53:72–77.

47. Ng C, Schadler L, Siegel R. Synthesis and mechanical properties of TiO_2-epoxy nanocomposites. *Nanostructured Materials*. 1999;12:507–510.

48. Yu L, Yang S, Wang H, Xue Q. An investigation of the friction and wear behaviors of micrometer copper particle-and nanometer copper particle-filled polyoxymethylene composites. *Journal of Applied Polymer Science*. 2000;77:2404–2410.

49. Xue Q-J, Wang Q-H. Wear mechanisms of polyetheretherketone composites filled with various kinds of SiC. *Wear*. 1997;213:54–58.

50. Zhang MQ, Rong MZ, Yu SL, Wetzel B, Friedrich K. Effect of particle surface treatment on the tribological performance of epoxy based nanocomposites. *Wear*. 2002;253:1086–1093.

51. Guo QB, Rong MZ, Jia GL, Lau KT, Zhang MQ. Sliding wear performance of nano-SiO_2/short carbon fiber/epoxy hybrid composites. *Wear*. 2009;266:658–665.

52. Briscoe B. The tribology of composite materials: A preface. In: Friedrich K, (Ed.). *Advances in Composite Technology*. Elsevier: Amsterdam, the Netherlands; 1993. 3–15.

53. Bonfield W, Edwards B, Markham A, White J. Wear transfer films formed by carbonfibre reinforced epoxy resin sliding on stainless steel. *Wear*. 1976;37:113–121.

54. Zhang MQ, Rong MZ, Yu SL, Wetzel B, Friedrich K. Improvement of tribological performance of epoxy by the addition of irradiation grafted nano-inorganic particles. *Macromolecular Materials and Engineering*. 2002; 287:111–115.

55. Kadiyala AK, Bijwe J. Surface lubrication of graphite fabric reinforced epoxy composites with nano-and micro-sized hexagonal boron nitride. *Wear*. 2013;301:802–809.

56. Dong B, Yang Z, Huang Y, Li H-L. Study on tribological properties of multi-walled carbon nanotubes/epoxy resin nanocomposites. *Tribology Letters*. 2005;20:251–254.

57. Chen W, Tu J, Wang L, Gan H, Xu Z, Zhang X. Tribological application of carbon nanotubes in a metal-based composite coating and composites. *Carbon*. 2003;41:215–222.

58. Cai H, Yan F, Xue Q. Investigation of tribological properties of polyimide/carbon nanotube nanocomposites. *Materials Science and Engineering: A.* 2004;364:94–100.
59. Chen W, Li F, Han G, Xia J, Wang L, Tu J et al. Tribological behavior of carbonnanotube-filled PTFE composites. *Tribology Letters.* 2003;15:275–278.
60. Chen W, Tu J, Xu Z, Chen W, Zhang X, Cheng D. Tribological properties of Ni-Pmulti-walled carbon nanotubes electroless composite coating. *Materials Letters.* 2003;57:1256–1260.
61. Lu M, Wang Z, Li H–L, Guo X–Y, Lau K–T. Formation of carbon nanotubes in siliconcoated alumina nanoreactor. *Carbon.* 2004;42:1846–1849.
62. Zhao G, Hussainova I, Antonov M, Wang Q, Wang T. Friction and wear of fiber reinforced polyimide composites. *Wear.* 2013;301:122–129.
63. Feng X, Wang H, Shi Y, Chen D, Lu X. The effects of the size and content of potassium titanate whiskers on the properties of PTW/PTFE composites. *Materials Science and Engineering: A.* 2007;448:253–258.
64. Feng X, Diao X, Shi Y, Wang H, Sun S, Lu X. A study on the friction and wear behavior of polytetrafluoroethylene filled with potassium titanate whiskers. *Wear.* 2006;261:1208–1212.
65. Kandanur SS, Rafiee MA, Yavari F, Schrameyer M, Yu Z–Z, Blanchet TA et al. Suppression of wear in graphene polymer composites. *Carbon.* 2012;50:3178–3183.
66. Zhu J, Shi Y, Feng X, Wang H, Lu X. Prediction on tribological properties of carbon fiber and TiO_2 synergistic reinforced polytetrafluoroethylene composites with artificial neural networks. *Materials & Design.* 2009;30:1042–1049.
67. Mu L, Chen J, Shi Y, Feng X, Zhu J, Wang H et al. Durable polytetrafluoroethylene composites in harsh environments: Tribology and corrosion investigation. *Journal of Applied Polymer Science.* 2012;124:4307–4314.
68. Shi Y, Feng X, Wang H, Lu X. The effect of surface modification on the friction and wear behavior of carbon nanofiber-filled PTFE composites. *Wear.* 2008;264:934–939.
69. Shi Y, Mu L, Feng X, Lu X. The tribological behavior of nanometer and micrometer TiO_2 particle-filled polytetrafluoroethylene/polyimide. *Materials & Design.* 2011;32:964–970.
70. Villavicencio M, Renouf M, Saulot A, Michel Y, Mah o Y, Colas G et al. Selflubricating composite bearings: Effect of fibre length on its tribological properties by dem modelling. *Tribology International.* 2016.
71. Klaas N, Marcus K, Kellock C. The tribological behaviour of glass filled olytetrafluoroethylene. *Tribology International.* 2005;38:824–833.
72. Voss H, Friedrich K. On the wear behaviour of short-fibre-reinforced PEEK composites. *Wear.* 1987;116:1–18.
73. Li F, Hu K–A, Li J–L, Zhao B–Y. The friction and wear characteristics of nanometer ZnO filled polytetrafluoroethylene. *Wear.* 2001;249:877–882.
74. Mcelwain SE, Blanchet TA, Schadler LS, Sawyer WG. Effect of particle size on the wear resistance of alumina-filled PTFE micro-and nanocomposites. *Tribology Transactions.* 2008;51:247–253.
75. Lai SQ, Li TS, Liu XJ, Lv RG. A study on the friction and wear behavior of PTFE filled with acid treated nano-attapulgite. *Macromolecular Materials and Engineering.* 2004;289:916–922.
76. Blanchet TA, Kandanur SS, Schadler LS. Coupled effect of filler content and countersurface roughness on PTFE nanocomposite wear resistance. *Tribology Letters.* 2010;40:11–21.

77. Lu Z, Friedrich K. On sliding friction and wear of PEEK and its composites. *Wear.* 1995;181;624–631.
78. Zhang Z, Breidt C, Chang L, Friedrich K. Wear of PEEK composites related to their mechanical performances. *Tribology International.* 2004;37;271–277.
79. Cirino M, Friedrich K, Pipes R. The effect of fiber orientation on the abrasive wear behavior of polymer composite materials. *Wear.* 1988;121;127–141.
80. Friedrich K. Wear model for multiphase materials and synergistic effect in polymeric hybrid composites. In: Friedrich K, Pipes RB, (Eds.). *Advances in Composite Technology, Composite Materials Series.* Elsevier: Amsterdam, the Netherlands; 1993. 209–273.
81. Zhang G, Schlarb A. Correlation of the tribological behaviors with the mechanical properties of poly-ether-ether-ketones (PEEKs) with different molecular weights and their fiber filled composites. *Wear.* 2009;266: 337–344.
82. Chang L, Zhang Z, Breidt C, Friedrich K. Tribological properties of epoxy nanocomposites:I. Enhancement of the wear resistance by nano-TiO_2 particles. *Wear.* 2005;258;141–148.
83. Zhang G, Rasheva Z, Schlarb A. Friction and wear variations of short carbon fiber (SCF)/PTFE/graphite (10vol.%) filled PEEK: Effects of fiber orientation and nominal contact pressure. *Wear.* 2010;268;893–899.
84. Chand S. Review carbon fibers for composites. *Journal of Materials Science.* 2000;35;1303–1313.
85. Cao L, Shen XJ, Li RY. Three-dimensional thermal analysis of spherical plain bearings with self-lubricating fabric liner. *Advanced Materials Research.* 2010;97–101;3366–3370.
86. Wielage B, Müller T, Lampke T. Design of ceramic high-accuracy bearings containing textile fabrics. *Materialwissenschaft Und Werkstofftechnik.* 2007;38;79–84.
87. Qiu M, Gao Z, Yao S, Chen L. Effects of oscillation frequency on the tribological properties of self-lubrication spherical plain bearings with PTFE woven liner. *Key Engineering Materials.* 2011;455;406–410.
88. Rattan R, Bijwe J. Carbon fabric reinforced polyetherimide composites: Influence of weave of fabric and processing parameters on performance properties and erosive wear. *Materials Science and Engineering: A.* 2006;420;342–350.
89. Park DC, Lee SM, Kim BC, Kim HS. Development of heavy duty hybrid carbon-phenolic hemispherical bearings. *Composite Structures.* 2006;73;88–98.
90. Kim SS, Yu HN, Hwang IU, Kim SN, Suzuki K, Sada H. The sliding friction of hybrid composite journal bearing under various test conditions. *Tribology Letters.* 2009;35;211–219.
91. Lancaster J. Accelerated wear testing of PTFE composite bearing materials. *Tribology International.* 1979; 12;65–75.
92. Azizi SMAS, Alloin F, Dufresne A. Review of recent research into cellulosic whiskers, their properties and their application in nanocomposite field. *Biomacromolecules.* 2005;6;612–626.
93. Moon RJ, Martini A, Nairn J, Simonsen J, Youngblood J. Cellulose nanomaterials review: Structure, properties and nanocomposites. *Chemical Society Reviews.* 2011;40;3941–3994.
94. Hussain F, Hojjati M, Okamoto M, Gorga RE. Review article: Polymer-matrix nanocomposites, processing, manufacturing, and application: An overview. *Journal of Composite Materials.* 2006;40;1511–1575.
95. Kurahatti R, Surendranathan A, Kori S, Singh N, Kumar AR, Srivastava S. Defence applications of polymer nanocomposites. *Defence Science Journal.* 2010;60(5);551–563.

96. Briscoe BJ, Sinha SK. Tribological applications of polymers and their composites: past, present and future prospects. *Tribology and Interface Engineering Series.* 2008;55:1-14.
97. Winey KI, Vaia RA. Polymer nanocomposites. *MRS Bulletin.* 2007;32:314-322.
98. Ray SS, Okamoto M. Polymer/layered silicate nanocomposites: A review from preparation to processing. *Progress in Polymer Science.* 2003;28:1539-1641.
99. Pavlidou S, Papaspyrides C. A review on polymer-layered silicate nanocomposites. *Progress in Polymer Science.* 2008;33:1119-1198.
100. Yu Y, Gu J, Kang F, Kong X, Mo W. Surface restoration induced by lubricant additive of natural minerals. *Applied Surface Science.* 2007;253:7549-7553.
101. Pogodaev L, Buyanovskii I, Kryukov EY, Kuz'min V, Usachev V. The mechanism of interaction between natural laminar hydrosilicates and friction surfaces. *Journal of Machinery Manufacture and Reliability.* 2009;38:476.
102. Fan B, Yang Y, Feng C, Ma J, Tang Y, Dong Y et al. Tribological properties of fabric self-lubricating liner based on organic montmorillonite (OMMT) reinforced phenolic (PF) nanocomposites as hybrid matrices. *Tribology Letters.* 2015;57:22.
103. Chang IT, Sancaktar E. Clay dispersion effects on excimer laser ablation of polymer-clay nanocomposites. *Journal of Applied Polymer Science.* 2013;130:2336-2344.
104. Wang CC, Chen CC. Some physical properties of various amine-pretreated Nomex Aramid yarns. *Journal of Applied Polymer Science.* 2005;96:70-76.
105. Reis P, Ferreira J, Santos P, Richardson M, Santos J. Impact response of Kevlar composites with filled epoxy matrix. *Composite Structures.* 2012;94:3520-3528.
106. Gu H. Research on thermal properties of Nomex/Viscose FR fibre blended fabric. *Materials & Design.* 2009;30:4324-4327.
107. Kim SH, Seong JH, Oh KW. Effect of dopant mixture on the conductivity and thermal stability of polyaniline/nomex conductive fabric. *Journal of Applied Polymer Science.* 2002;83:2245-2254.
108. Schultz GR. Energy weapon protection fabric. U. S. Patent No 8,132,597. 2011.
109. Schultz GR. Energy weapon protection fabric. U. S. Patent No 8,001,999. 2012.
110. Lopes C, Tschopp R. Titanium spherical plain bearing with liner and treated surface. U. S. Patent No EP 1837534 A3. 2007.
111. Ren G, Zhang Z, Zhu X, Ge B, Guo F, Men X et al. Influence of functional graphene as filler on the tribological behaviors of Nomex fabric/phenolic composite. *Composites Part A: Applied Science and Manufacturing.* 2013;49:157-164.
112. Su F-H, Zhang Z-Z, Wang K, Liu W-M. Friction and wear of Synfluo 180XF wax and nano-Al_2O_3 filled Nomex fabric composites. *Materials Science and Engineering: A.* 2006;430:307-313.
113. Su F-H, Zhang Z-Z, Liu W-M. Tribological and mechanical properties of Nomex fabric composites filled with polyfluo 150 wax and nano-SiO_2. *Composites Science and Technology.* 2007;67:102-110.
114. Leven I, Krepel D, Shemesh O, Hod O. Robust superlubricity in graphene/h-BN heterojunctions. *The Journal of Physical Chemistry Letters.* 2012;4:115-120.
115. Lee H, Lee N, Seo Y, Eom J, Lee S. Comparison of frictional forces on graphene and graphite. *Nanotechnology.* 2009;20:325701.

116. Kim K-S, Lee H-J, Lee C, Lee S-K, Jang H, Ahn J-H et al. Chemical vapor depositiongrown graphene: The thinnest solid lubricant. *ACS Nano*. 2011;5:5107-5114.

117. Lin L-Y, Kim D-E, Kim W-K, Jun S-C. Friction and wear characteristics of multilayer graphene films investigated by atomic force microscopy. *Surface and Coatings Technology*. 2011;205:4864-4869.

118. Hu J, Jo S, Ren Z, Voevodin A, Zabinski J. Tribological behavior and graphitization of carbon nanotubes grown on 440C stainless steel. *Tribology Letters*. 2005;19:119-125.

119. Pan B, Xu G, Zhang B, Ma X, Li H, Zhang Y. Preparation and tribological properties of polyamide 11/graphene coatings. *Polymer-Plastics Technology and Engineering*. 2012;51:1163-1166.

120. Pan B, Zhao J, Zhang Y, Zhang Y. Wear performance and mechanisms of polyphenylene sulfide/polytetrafluoroethylene wax composite coatings reinforced by graphene. *Journal of Macromolecular Science, Part B*. 2012;51:1218-1227.

121. Du J, Zhao L, Zeng Y, Zhang L, Li F, Liu P et al. Comparison of electrical properties between multi-walled carbon nanotube and graphene nanosheet/high density polyethylene composites with a segregated network structure. *Carbon*. 2011;49:1094-1100.

122. Liu W-W, Yan X-B, Lang J-W, Peng C, Xue Q-J. Flexible and conductive nanocomposite electrode based on graphene sheets and cotton cloth for supercapacitor. *Journal of Materials Chemistry*. 2012;22:17245-17253.

123. Fang M, Wang K, Lu H, Yang Y, Nutt S. Covalent polymer functionalization of graphene nanosheets and mechanical properties of composites. *Journal of Materials Chemistry*. 2009;19:7098-7105.

124. Zhang HJ, Zhang ZZ, Guo F. Tribological behaviors of hybrid PTFE/Nomex fabric/phenolic composite reinforced with multiwalled carbon nanotubes. *Journal of Applied Polymer Science*. 2012;124:235-241.

125. Ren G, Zhang Z, Zhu X, Men X, Jiang W, Liu W. Tribological behaviors of hybrid PTFE/nomex fabric/phenolic composite under dry and water-bathed sliding conditions. *Tribology Transactions*. 2014;57:1116-1121.

126. Yen HJ, Chen CJ, Liou GS. Flexible multi-colored electrochromic and volatile polymer memory devices derived from starburst triarylamine-based electroactive polyimide. *Advanced Functional Materials*. 2013;23:5307-5316.

127. Lin L, Wang A, Dong M, Zhang Y, He B, Li H. Sulfur removal from fuel using zeolites/polyimide mixed matrix membrane adsorbents. *Journal of Hazardous Materials*. 2012;203:204-212.

128. Lu N, Lu C, Yang S, Rogers J. Highly sensitive skin-mountable strain gauges based entirely on elastomers. *Advanced Functional Materials*. 2012;22:4044-4050.

129. Cao L, Sun Q, Wang H, Zhang X, Shi H. Enhanced stress transfer and thermal properties of polyimide composites with covalent functionalized reduced graphene oxide. *Composites Part A: Applied Science and Manufacturing*. 2015;68:140-148.

130. Kwon J, Kim J, Lee J, Han P, Park D, Han H. Fabrication of polyimide composite films based on carbon black for high-temperature resistance. *Polymer Composites*. 2014;35:2214-2220.

131. Jiang Q, Wang X, Zhu Y, Hui D, Qiu Y. Mechanical, electrical and thermal properties of aligned carbon nanotube/polyimide composites. *Composites Part B: Engineering*. 2014;56:408-412.

132. Mu L, Shi Y, Feng X, Zhu J, Lu X. The effect of thermal conductivity and friction coefficient on the contact temperature of polyimide composites: Experimental and finite element simulation. *Tribology Internation-*

al. 2012;53:45–52.
133. Samyn P, Schoukens G. Thermochemical sliding interactions of short carbon fiber polyimide composites at high pv-conditions. *Materials Chemistry and Physics.* 2009;115:185–195.
134. Huang T, Xin Y, Li T, Nutt S, Su C, Chen H et al. Modified graphene/polyimide nanocomposites: Reinforcing and tribological effects. *ACS Applied Materials &Interfaces.* 2013;5:4878–4891.
135. Gofman I, Zhang B, Zang W, Zhang Y, Song G, Chen C et al. Specific features of creep and tribological behavior of polyimide-carbon nanotubes nanocomposite films: Effect of the nanotubes functionalization. *Journal of Polymer Research.* 2013;20:258.
136. Samyn P, De Baets P, Schoukens G. Influence of internal lubricants (PTFE and silicon oil) in short carbon fibre-reinforced polyimide composites on performance properties. *Tribology Letters.* 2009;36:135–146.
137. Samyn P, Schoukens G. Tribological properties of PTFE-filled thermoplastic polyimide at high load, velocity, and temperature. *Polymer Composites.* 2009;30:1631–1646.
138. Jia J, Zhou H, Gao S, Chen J. A comparative investigation of the friction and wear behavior of polyimide composites under dry sliding and water-lubricated condition. *Materials Science and Engineering: A.* 2003;356:48–53.
139. Jia J, Chen J, Zhou H, Hu L, Chen L. Comparative investigation on the wear and transfer behaviors of carbon fiber reinforced polymer composites under dry sliding and water lubrication. *Composites Science and Technology.* 2005;65:1139–1147.
140. Zhang X-R, Pei X-Q, Wang Q-H. Friction and wear studies of polyimide composites filled with short carbon fibers and graphite and micro SiO_2. *Materials & Design.* 2009;30:4414–4420.
141. Yijun S, Liwen M, Xin F, Xiaohua L. Tribological behavior of carbon nanotube and polytetrafluoroethylene filled polyimide composites under different lubricated conditions. *Journal of Applied Polymer Science.* 2011;121:1574–1578.
142. Liu B, Pei X, Wang Q, Sun X, Wang T. Effects of atomic oxygen irradiation on structural and tribological properties of polyimide/Al_2O_3 composites. *Surface and Interface Analysis.* 2012;44:372–376.
143. Liu H, Wang T, Wang Q. Tribological properties of thermosetting polyimide/TiO_2 nanocomposites under dry sliding and water-lubricated conditions. *Journal of Macromolecular Science, Part B.* 2012;51:2284–2296.
144. Rajesh CC, Ravikumar T. Mechanical and three-body abrasive wear behaviour of Nano-Flyash/ZrO_2 filled polyimide composites. *International Journal of Science Research.* 2013;1:196–202.
145. Hanemann T, Szabó DV. Polymer-nanoparticle composites: From synthesis to modern applications. *Materials.* 2010;3:3468–3517.
146. Ye J, Khare H, Burris D. Transfer film evolution and its role in promoting ultra-low wear of a PTFE nanocomposite. *Wear.* 2013;297:1095–1102.
147. Chang L, Friedrich K, Ye L. Study on the transfer film layer in sliding contact between polymer composites and steel disks using nanoindentation. *Journal of Tribology.* 2014;136:021602.
148. Wang Q, Zhang X, Pei X. Study on the synergistic effect of carbon fiber and graphite and nanoparticle on the friction and wear behavior of polyimide composites. *Materials & Design.* 2010;31:3761–3768.
149. Zhang G, Schlarb A, Tria S, Elkedim O. Tensile and tribological behaviors of PEEK/nano-SiO_2 composites compounded using a ball milling technique. *Composites Science and Technology.* 2008;68:3073–3080.

150. Li X, Gao Y, Xing J, Wang Y, Fang L. Wear reduction mechanism of graphite and MoS_2 in epoxy composites. *Wear*. 2004;257:279–283.

151. Vail J, Krick B, Marchman K, Sawyer WG. Polytetrafluoroethylene (PTFE) fiber reinforced polyetheretherketone (PEEK) composites. *Wear*. 2011;270:737–741.

152. Omar MF, Akil HM, Ahmad ZA, Mahmud S. The effect of loading rates and particle geometry on compressive properties of polypropylene/zinc oxide nanocomposites: Experimental and numerical prediction. *Polymer Composites*. 2012;33:99–108.

153. Chang BP, Akil HM, Nasir RBM, Bandara I, Rajapakse S. The effect of ZnO nanoparticles on the mechanical, tribological and antibacterial properties of ultra-high molecular weight polyethylene. *Journal of Reinforced Plastics and Composites*. 2014;33:674–686.

154. Mu L, Zhu J, Fan J, Zhou Z, Shi Y, Feng X et al. Self-lubricating polytetrafluoroethylene/ polyimide blends reinforced with zinc oxide nanoparticles. *Journal of Nanomaterials*. 2015;16:373.

155. D ez-Pascual AM, Xu C, Luque R. Development and characterization of novel poly (ether ether ketone)/ZnObionanocomposites. *Journal of Materials Chemistry B*. 2014;2:3065–3078.

156. Shi Y, Feng X, Wang H, Lu X, Shen J. Tribological and mechanical properties of carbon-nanofiber-filled polytetrafluoroethylene composites. *Journal of Applied Polymer Science*. 2007;104:2430–2437.

157. Wang J, Feng S, Song Y, Li W, Gao W, Elzatahry AA et al. Synthesis of hierarchically porous carbon spheres with yolk-shell structure for high performance supercapacitors. *Catalysis Today*. 2015;243:199–208.

158. Wang Y, Su F, Wood CD, Lee JY, Zhao XS. Preparation and characterization of carbon nanospheres as anode materials in lithium-ion secondary batteries. *Industrial & Engineering Chemistry Research*. 2008;47:2294–2300.

159. Tang S, Tang Y, Vongehr S, Zhao X, Meng X. Nanoporous carbon spheres and their application in dispersing silver nanoparticles. *Applied Surface Science*. 2009;255:6011–6016.

160. Demir-Cakan R, Makowski P, Antonietti M, Goettmann F, Titirici M-M. Hydrothermal synthesis of imidazole functionalized carbon spheres and their application in catalysis. *Catalysis Today*. 2010;150:115–118.

161. Tang S, Vongehr S, Meng X. Carbon spheres with controllable silver nanoparticle doping. *The Journal of Physical Chemistry C*. 2009;114:977–982.

162. Zhang J, Zhang Y, Lian S, Liu Y, Kang Z, Lee S-T. Highly ordered macroporous carbon spheres and their catalytic application for methanol oxidation. *Journal of Colloid and Interface Science*. 2011;361:503–508.

163. Xiong H, Motchelaho MA, Moyo M, Jewell LL, Coville NJ. Correlating the preparation and performance of cobalt catalysts supported on carbon nanotubes and carbon spheres in the Fischer-Tropsch synthesis. *Journal of Catalysis*. 2011;278:26–40.

164. Bhushan B, Gupta B, Van CGW, Capp C, Coe JV. Fullerene (C60) films for solid lubrication. *Tribology Transactions*. 1993;36:573–580.

165. Pozdnyakov A, Kudryavtsev V, Friedrich K. Sliding wear of polyimide-C_{60} composite coatings. *Wear*. 2003;254:501–513.

166. Min C, Nie P, Tu W, Shen C, Chen X, Song H. Preparation and tribological properties of polyimide/carbon sphere microcomposite films under seawater condition. *Tribology International*. 2015;90:175–184.

167. Yang Y-L, Jia Z-N, Chen J-J, Fan B-L. Tribological behaviors of PTFE-based composites filled with nanoscale lamellar structure expanded graphite. *Journal of Tribology*. 2010;132:031301.

168. Jia Z, Hao C, Yan Y, Yang Y. Effects of nanoscale expanded graphite on the wear and frictional behaviors of polyimide-based composites. *Wear*. 2015;338:282-287.

169. Samyn P, De Baets P, Schoukens G, Hendrickx B. Tribological behavior of pure and graphite-filled polyimides under atmospheric conditions. *Polymer Engineering & Science*. 2003;43:1477-1487.

170. Mu LW, Feng X, Shi YJ, Wang HY, Lu XH. Friction and wear behaviors of solid lubricants/polyimide composites in liquid mediums. *Materials Science Forum*. 2010;654-656:2763-2766.

171. Huang L-J, Zhu P, Chen Z-L, Song Y-J, Wang X-D, Huang P. Tribological performances of graphite modified thermoplastic polyimide. *Materials Science and Engineering-Hangzhou-*. 2008;26:268.

172. Bolvari A, Glenn S, Janssen R, Ellis C. Wear and friction of aramid fiber and polytetrafluoroethylene filled composites. *Wear*. 1997;203:697-702.

173. Hooke C, Kukureka S, Liao P, Rao M, Chen Y. Wear and friction of nylon-glass fibre composites in non-conformal contact under combined rolling and sliding. *Wear*. 1996;197:115-122.

174. Zhao L-X, Zheng L-Y, Zhao S-G. Tribological performance of nano-Al_2O_3 reinforced polyamide 6 composites. *Materials Letters*. 2006;60:2590-2593.

175. Garcia M, De Rooij M, Winnubst L, van Zyl WE, Verweij H. Friction and wear studies on nylon-6/SiO_2 nanocomposites. *Journal of applied polymer science*. 2004;92:1855-1862.

176. Srinath G, Gnanamoorthy R. Sliding wear performance of polyamide 6-clay nanocomposites in water. *Composites Science and Technology*. 2007;67:399-405.

177. Meng H, Sui G, Xie G, Yang R. Friction and wear behavior of carbon nanotubes reinforced polyamide 6 composites under dry sliding and water lubricated condition. *Composites Science and Technology*. 2009;69:606-611.

178. Srinath G. Gnanmoothy R. Effects of organoclay addition on the two bodies wear characteristic of polyamide 6 nanocomposites. *Journal of Material Science*. 2005;40:8326-8333.

179. Zhong C, Wu Q, Guo R, Zhang H. Synthesis and luminescence properties of polymeric complexes of Cu (II), Zn (II) and Al (III) with functionalized polybenzimidazole containing 8-hydroxyquinoline side group. *Optical Materials*. 2008;30:870-875.

180. Du C-P, Li Z-K, Wen X-M, Wu J, Yu X-Q, Yang M et al. Highly diastereoselective epoxidation of cholest-5-ene derivatives catalyzed by polymer-supported manganese(III) porphyrins. *Journal of Molecular Catalysis A: Chemical*. 2004;216:7-12.

181. Moghadam M, Tangestaninejad S, Mirkhani V, Mohammadpoor-Baltork I, KargarH. Mild and efficient oxidation of alcohols with sodium periodate catalyzed by polystyrenebound Mn (III) porphyrin. *Bioorganic & Medicinal Chemistry*. 2005;13:2901-2905.

182. Lansdown AR. *Molybdenum Disulphide Lubrication*. Elsevier: Amsterdam, the Netherlands; 1999.

183. Cao L, Yang S, Gao W, Liu Z, Gong Y, Ma L et al. Direct laser-patterned microsupercapacitors from paintable MoS_2 films. *Small*. 2013;9:2905-2910.

184. Sorrentino A, Altavilla C, Merola M, Senatore A, Ciambelli P, Iannace S. Nanosheets of MoS_2-oleylamine as hybrid filler for self-lubricating polymer composites: Thermal, tribological, and mechanical properties. *Polymer Composites*. 2015;36:1124-1134.

185. Yu L, Yang S, Liu W, Xue Q. An investigation of the friction and wear behaviors of polyphenylene sulfide filled with solid lubricants. *Polymer Engineering & Science*. 2000;40:1825–1832.
186. Wang J, Gu M, Songhao B, Ge S. Investigation of the influence of MoS_2 filler on the tribological properties of carbon fiber reinforced nylon 1010 composites. *Wear*. 2003;255:774–779.

第4章　陶瓷基自润滑复合材料

4.1　引言

陶瓷材料原子之间的强离子键或共价键决定了其强度、硬度、熔点、弹性模量(刚度)都很高,以及良好的温度和化学稳定性,使其在高温及其他苛刻工况下使用时,具有很大的优势和潜力。然而,对陶瓷材料摩擦和磨损行为的研究表明,在无润滑条件下,其滑动摩擦系数较高,通常为 0.5～0.8[1-4]。较高的滑动干摩擦系数和陶瓷基体本身的脆性限制了其在摩擦学领域的实际应用。若要发挥先进陶瓷材料的优点,必须降低其摩擦系数至 0.1 或更低。

为实现低摩擦系数,在大多数应用中常使用液体润滑[5-7]。然而,在某些应用环境下的陶瓷部件无法使用液体润滑剂。比如高温、真空或腐蚀性环境,还有譬如先进的低排热发动机和燃气轮机中的轴承和密封件,需要在超过传统液体润滑剂能力的温度范围内运行[8-10]。

此外,沉积固体润滑膜也是有效降低陶瓷材料摩擦系数和磨损率的方法。Wedeven 等人[11,12]报道了在高达 538℃ 的温度下,通过在接触表面间混入石墨,可使 Si_3N_4 获得较低的滚动接触摩擦系数。Gangopadhyay 等人[6]研究了在 Al_2O_3 上涂覆含有 Ag、Sb_2O_3 和 BaF_2 的固体润滑复合涂层的摩擦学性能。在室温(RT)大气环境下,没有涂覆自润滑复合涂层的 Al_2O_3 摩擦系数为 0.40,而应用自润滑复合涂层后摩擦系数降低到 0.11。这种低摩擦系数值可以维持到 500℃ 高温,但磨损率很大。

针对高温下液体润滑剂难以有效工作、固体润滑涂层又容易脱落且使用寿命有限的问题,研究人员提出一种有效的解决途径是将固体润滑剂作为第二相嵌入陶瓷基质中,合成陶瓷基自润滑复合材料。由于陶瓷基体本身为含有分散固体润滑剂的复合材料,则陶瓷表面固体润滑剂的持续供应就可以由其材料本身提供[13,14]。在摩擦过程中,固体润滑剂铺展在接触表面上,形成润滑覆膜,不仅可以降低摩擦系数,还可以在很宽的温域内表现出优异的润滑能力,并持续有效地工作[15-17]。不过文献中有关陶瓷润滑的固体润滑剂的信息非常有限。

近年来,高温陶瓷基自润滑复合材料引起了许多研究者的关注。同时,在高性能燃气轮机和航空航天应用等先进技术系统中,其摩擦部件需具备从室温到高温条件下的良好摩擦学性能,也促进了高性能自润滑复合材料研究的发展。

有几种广泛用于陶瓷基自润滑复合材料的固体润滑剂,如石墨、六方氮化硼(h-BN)、硫化物、硒化物和金属的碲化物,氧化物(B_2O_3、MoO_2、ZnO、Re_2O_7、TiO_2和CuO),以及软金属(Bi、Sn、Ag、In和Pb)等。但是,在结合了这些层状结构固体润滑剂后,可能会破坏陶瓷材料的力学性能[18,19]。因此,必须合成高强度和高韧性的陶瓷基自润滑复合材料。

近年已经产生了一些改进措施,改善陶瓷基复合材料的机械特性,同时实现自润滑。主要方法如下:在陶瓷基体中加入固体润滑剂,开发新型陶瓷基自润滑复合材料[20-22];通过原位反应方法实现陶瓷基复合材料的自润滑性能[23-25];浸渍固体润滑剂[26,27]、涂覆润滑膜[28,29],并层压不同的复合材料等,以实现自润滑性能[30]。

本章将系统阐述关于低摩擦系数的陶瓷基自润滑复合材料的研究成果,同时介绍几种可用于陶瓷基质的固体润滑剂。

4.2 镍基陶瓷自润滑复合材料

4.2.1 Ni_3Al 陶瓷基自润滑复合材料

金属化合物是许多抗高温、耐热和耐腐蚀等环境应用的理想材料,如电子和磁器件的结构性或非结构性材料。金属化合物 Ni_3Al 因其低密度($7.5g/cm^3$)、高熔点(1668K)、高导热性以及优良的耐腐蚀性和高温抗氧化性,在结构应用、耐热和耐腐蚀等领域得到了广泛的研究[31]。Ni_3Al 是极具吸引力的高温结构材料和耐腐蚀材料,在民用和军工领域,特别是摩擦学应用中具有广阔的前景,如用于燃气轮机硬件、高温模具、切削刀具和热处理夹具等[32]。

然而,多晶 Ni_3Al 金属化合物在室温和外部环境温度升高时表现出较大的脆性[33],严重影响其摩擦学性能。多项研究表明,Ni_3Al 可作为高温自润滑复合材料的优良基体,选择合适的润滑相,制备 Ni_3Al 自润滑复合材料,将会大大提高 Ni_3Al 在摩擦学领域的潜在应用价值。例如,由 Ni_3Al 基体和 Cr/Mo/W、Ag 和 BaF_2/CaF_2 添加剂组成的自润滑复合材料,在室温到1000℃的宽温域内,具有较低的摩擦系数和磨损率。

为了获得具有良好摩擦学和力学性能的高温自润滑材料,选择合适的固体润滑剂非常重要。由于许多陶瓷复合材料用于高温环境,而从室温到高温(800℃,甚至1000℃)的宽温域内,单一材料很难提供足够的润滑性能。例如,传统的固体润滑剂(MoS₂和石墨),由于在500℃以上的空气中抗氧化性不足,不能满足高温下摩擦学和力学性能的要求。因此,许多研究致力于探索多种润滑剂的协同润滑机理,即组合使用低温润滑剂和高温润滑剂[34]。

由于 h-BN 具有类似石墨的层状结构,在温度高于500℃时,仍具有优异的黏附性和热化学稳定性,被认为是一种可有效用于高温环境的固体润滑剂[35]。然而,h-BN 的不可润湿性和可烧结性差限制了其应用。除了类似上述的层状润滑剂外,软质贵金属 Ag 和 Au 由于低剪切强度和稳定的热化学性质,在相对较低温度(低于450℃)环境下,可作为 Ni₃Al 的理想润滑剂填料。

研究发现,添加到 Ni₃Al 基复合材料中的 Ag,在热烧结后没有检测到 Ag 和其他添加剂之间的反应物。此外,含 Ag 复合材料的强度高于含石墨或 MoS₂ 的复合材料,并且在摩擦过程中,Ag 在低温下仍能保持良好的热稳定性。但在高温下,复合材料中 Ag 和其他添加剂之间可能发生氧化反应。值得注意的是,AgMoO₄等氧化产物有利于提高复合材料的润滑性。Mahathanabodee 等人[36]发现,含有 h-BN 的烧结复合材料摩擦系数低于基质材料。但因为 h-BN 中间层之间的范德华力强于石墨,所以 h-BN 的润滑能力不如石墨。

固体润滑剂 WS₂ 具有类似 MoS₂ 和石墨的层状结构,并且易于被剪切,能够在摩擦副界面之间形成转移润滑膜。WS₂ 具有比 MoS₂(370℃)或石墨(325℃)更高的氧化温度(539℃),因此它可以在相对较高的温度下保持润滑性能[37]。

一项研究采用原位等离子体放电烧结(Spark Plasma Sintering,SPS)技术,制备了质量比为1∶1∶1 的 WS₂-Ag-h-BN(WAh)复合润滑材料,探索了不同润滑剂含量对 Ni₃Al 基自润滑复合材料(NMSC),以及碳化钛(TiC)增强相对滑动干摩擦性能的影响。测试中 Si₃N₄ 陶瓷球作为对摩件,在10N 的载荷和0.234m/s 的滑动速度下,从室温到800℃进行80min 的磨损试验[38]。图4.1 显示了 NMSC 的摩擦系数和磨损率与温度之间的相关性。

如图4.1(a)所示,嵌入 WAh 可有效降低摩擦系数,并且在所有测试温度下 NMSC 的摩擦系数均小于 Ni₃Al 陶瓷。此外,随着温度从25℃升高到600℃,摩擦系数逐渐降低,然后当温度升高到800℃时,所有样品的摩擦系数增加。

图4.1(b)显示了 NMSC 磨损率受温度的影响。可见,通过嵌入固体润滑剂,在所有温度范围内均降低了 NMSC 的磨损率。此外,随着温度升高至600℃,NMSC 的磨损率降至最低点,然后在到达800℃时升高。最显著的下降发生在400℃,在含有10% WAh 的 Ni₃Al 中添加5% 的 Ag,能够使 Ni₃Al 的磨损率从约 $2.45 \times 10^{-4} mm^3/(N \cdot m)$ 下降到最低值 $1.96 \times 10^{-4} mm^3/(N \cdot m)$;在含有20% WAh 的 Ni₃Al 中添加6.6% 的 Ag,磨损率稍微增加至 $2.55 \times 10^{-4} mm^3/(N \cdot m)$。当温度达到600℃时,NMSC 显示出最低的摩擦系数和最低的磨损率。

此外,添加 TiC 后,复合材料硬度(7.3GPa)比纯 Ni_3Al(5.3GPa)和其他几种复合材料(3.8~5.7GPa)更高,对降低磨损率也起到了重要作用。

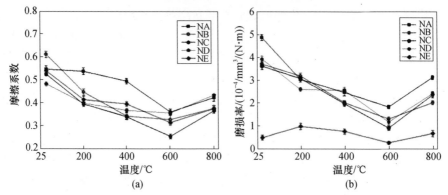

图 4.1 NMSC 复合材料随温度变化的摩擦学性能(见彩图)
(摘自:Shi, X. et al., Mater. Des., 55, 75–84, 2014)
(a)摩擦系数;(b)磨损率。(其中,NA:Ni_3Al+0% WAh+0% TiC,NB:Ni_3Al+10% WAh+0% TiC,NC:Ni_3Al+10% WAh+0% TiC,ND:Ni_3Al+20% WAh+0% TiC,NE:Ni_3Al+15% WAh+5% TiC)

对室温下磨损表面的研究表明,与 Ni_3Al 磨损表面粗糙的犁沟相比,Ni_3Al-10% WAh 磨损表面相对细腻,没有粗糙犁沟,只发现了一些剥落的凹坑,主要磨损机理是表面剥落。此外,在 Ni_3Al-15% WAh-5% TiC 的磨损表面上观察到摩擦转移膜和一些剥落凹坑,也未发现明显的如纯 Ni_3Al 一样的较深平行犁沟,其主要磨损机理也是表面剥落。

在 600℃时,Ni_3Al 磨损表面存在大量碎屑和局部压实的碎屑层,而 Ni_3Al-10% WAh 的磨损表面相对光滑,有剥落的凹坑和一些白色颗粒,形成了釉料一样的致密摩擦层,为接触面提供了相对连续的摩擦转移膜。其中,X 射线能量色散谱(EDX)分析结果也表明,润滑相很好地覆盖了磨损表面,釉层是高温下重要的减摩结构。对于 Ni_3Al-15% WAh-5% TiC,可以观察到磨损表面上出现了连续且致密的摩擦转移膜。当温度达到 600℃时,材料变得更柔软。在滑动过程中,Ni_3Al-15% WAh-5% TiC 磨损表面发生塑性变形,形成摩擦转移膜,降低了摩擦系数和磨损率。

由于无机盐的低剪切强度和高温下的高延展性,因此可以考虑作为润滑材料。某些硫酸盐、铬酸盐、钼酸盐和钨酸盐的高温润滑性能,已经被广泛研究,并应用于 Ni_3Al 等不同的陶瓷基质中[39-43]。根据这些研究,氟化物被认为具有高温固体润滑性,可提供低摩擦系数和低磨损率[44,45]。文献[46]采用粉末冶金技术合成了 Ni_3Al-Cr-Ag-BaF_2-CaF_2 复合材料,X 射线衍射(XRD)结果表明,烧

结的 Ni_3Al 基复合材料中的组分彼此不反应,并且在制备过程中没有形成新的化合物。摩擦试验后磨损表面的 XRD 图谱显示,在 600℃时,出现 $BaCO_3$ 的弱峰;在 800℃时,不存在 BaF_2 峰,但发现了 $BaCrO_4$ 峰。氟化物用作高温润滑剂,在 400℃和 600℃下表现出良好的摩擦性能。而且,在 800℃时,由于高温摩擦化学反应,在磨损表面上形成 $BaCrO_4$,可获得优异的润滑性能。

Ti_3SiC_2 是一种有潜力的摩擦学材料,可作为自润滑复合材料的添加剂[47-49];另一种具有优异性能的固体润滑剂 MoS_2,也已被广泛研究[50]。研究结果表明,MoS_2 可在低温下很好地工作,特别是在真空中,但在高温下很容易被氧化。因此,MoS_2 通常被用作低温固体润滑剂。

文献[51]报道使用 SPS 方法制备了 Ni_3Al(NT)、Ni_3Al-Ag-Ti_3SiC_2(AT)、Ni_3Al-MoS_2-Ti_3SiC_2(MT)和 Ni_3Al-MoS_2-ZnO(MZ)几种复合材料,并对这四种复合材料在 25~800℃的磨损和润滑机理进行了研究。其中 Ni_3Al 基复合粉末由市售的 Ni、Al、Cr、Mo、Zr 和 B 粉末(平均尺寸 30~50μm,纯度 99.9%)组成,原子比为 4.5Ni:1Al:0.333Cr:0.243Mo:0.0047Zr:0.0015B。Ti_3SiC_2 粉末平均尺寸 5μm,纯度 95.0%。Ag、ZnO 和 MoS_2 粉末的平均晶粒尺寸约为 20~40μm。

图 4.2(a)显示了在施加 10N 载荷下,NT、AT、MT 和 MZ 在不同温度下与 Si_3N_4 球对摩时的摩擦系数。可知,NT 在室温下的摩擦系数(0.69)相对较高,当温度从室温升至 800℃时,NT 的摩擦系数从 0.69 略微降低至 0.45。在整个测试温度范围内,MZ 的摩擦系数小于 NT 的摩擦系数,变化范围为 0.38~0.55。与 NT 和 MZ 相比,AT 和 MT 具有更低的摩擦系数。此外,在 200~600℃温度范围内,AT 和 MT 的摩擦系数有下降的趋势,而当温度升高到 600℃以上时,所有样品的摩擦系数均有上升趋势。从误差条可知,与 MT 和 MZ 相比,NT 和 AT 材料摩擦系数的波动较大。

图 4.2(b)显示了不同温度下样品磨损率的变化情况。对于 NT,磨损率在 600℃时达到最小值 $2.69105 \times 10^{-5} mm^3/(N \cdot m)$,当温度升高到 800℃时磨损率升高。还可以发现,MT 和 MZ 的磨损率从室温到 400℃急剧下降,并且当温度升高到 800℃时继续缓慢下降。随着温度从室温升至 800℃,AT 的磨损率从 $4.5 \times 10^{-5} mm^3/(N \cdot m)$ 降至 $1.89105 \times 10^{-5} mm^3/(N \cdot m)$,而在 600℃时的磨损率高于 400℃和 800℃时的磨损率。作者在研究中还详细讨论了 600℃时磨损率相对较高的原因。当温度升至 200℃时,MT 和 MZ 显示出约 $2.09105 \times 10^{-5} mm^3/(N \cdot m)$ 的磨损率。与 MZ 相比,从 400℃到 800℃,MT 的磨损率更低。在 800℃时,MT 表现出优异的耐磨性,磨损率约为 $0.89105 \times 10^{-5} mm^3/(N \cdot m)$。从误差条可知,与 MT 和 MZ 相比,NT 和 AT 的磨损率波动较大。

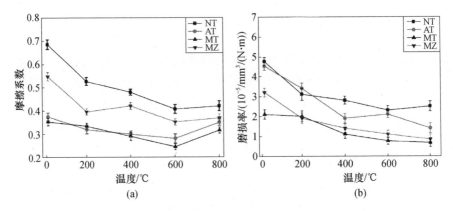

图 4.2 试样随温度变化的摩擦学性能(见彩图)
(摘自:Yao, J. et al., J. Mater. Engi. Perform., 24, 280-295, 2015)
(a)摩擦系数;(b)磨损率。

从 AT(Ni$_3$Al-Ag-Ti$_3$SiC$_2$)表面上的磨损痕迹可知,在较低温度下磨损表面上呈现平行的凸脊和较深的凹槽;而在较高温度下呈现粗糙的沟槽和材料的塑性流动。正如添加软质润滑剂 Ag 一样,添加润滑剂 MoS$_2$ 和 ZnO 也改善了 MZ(Ni$_3$Al-MoS$_2$-Ti$_3$SiC$_2$)的摩擦学性能,体现为优异的协同润滑作用。MZ 在干摩擦期间的磨损机理可解释为塑性变形和氧化磨损。其中,塑性变形是主要的磨损机理。

从室温到 600℃ 的材料表面磨损形貌可知,塑性变形使摩擦表面相对光滑,同时使得摩擦系数和磨损率较低。此外,在 800℃ 下,磨损表面的形态呈现出黏附磨损和氧化磨损的特征,并伴随划痕和颗粒碎屑的产生,导致摩擦系数增加。为了阐明 MT 摩擦层的微观结构和形成机理,在室温、600℃ 和 800℃ 下,作者又对材料垂直于滑动方向的磨损表面横截面进行了亚表面分析。图 4.3 显示了 Si$_3$N$_4$ 球在 600℃ 下与 MT 对摩时磨损轨迹的形貌,可见,Si$_3$N$_4$ 球的部分磨损表面覆盖有光滑的润滑膜,该润滑膜也存在于 MT 的磨损表面上。

作为高温固体润滑剂,与 CaWO$_4$ 和 CaMoO$_4$ 类似,BaMoO$_4$ 具有白钨结构和足够的热物理性质[52,53],然而,BaMoO$_4$ 的润滑行为尚未得到详细探讨。最近,BaCrO$_4$ 又因其在宽温度范围内的润滑性而备受关注[39]。BaCrO$_4$ 具有斜方晶系结构,试验数据表明 BaCrO$_4$ 相在 850℃ 时具有热稳定性[54,55],因此,BaCrO$_4$ 有望作为 Ni$_3$Al 基质中添加的高温固体润滑剂材料。

4.2.2 NiAl 陶瓷基自润滑复合材料

NiAl 基复合材料具有高熔点(1638℃)、高导热性、低密度(5.86g/cm^3)、高

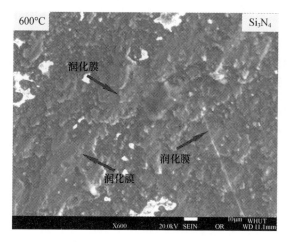

图 4.3 在 600℃下与 Si_3N_4 球对摩的 MT 磨损表面的 SEM 图像
(摘自:Yao, J. et al., J. Mater. *Engi. Perform.*, 24, 280-295, 2015)

弹性模量(294GPa)、较大导热系数(76W/mK),以及高温(接近 1000℃)下良好的抗氧化性等优异性能[56-58]。然而,由于 NiAl 室温下延展性差、高温下强度低和抗蠕变性差的原因,并未广泛用作结构材料。

过去几年中,有关室温下 NiAl 摩擦学行为的研究表明,NiAl 具有良好的摩擦学性能和综合力学性能[59,60],可以作为一种潜在的结构材料。这些成果也为 NiAl 基复合材料作为滑动摩擦材料提供了有用的信息[60,61]。

Al 原子百分数分别为 45%、48%、50% 的三种 NiAl 合金的磨损试验表明,在室温条件下,均具有低摩擦系数(0.25~0.35)和低磨损率(1.5×10^{-5}~2.4×10^{-5} $mm^3/(N \cdot m)$)。为了进一步提高 NiAl 金属化合物在高温下的耐磨性,近年来也进行了许多研究,如 $NiAl-31BaF_2-19CaF_2$(质量百分比)表现出低摩擦系数(0.3~0.4)和低磨损率(3×10^{-5}~4×10^{-5} $mm^3/(N \cdot m)$)[40]。Zhu 等人[62]选择具有高熔点和高温下具有良好耐磨性的 ZnO 和 CuO,作为润滑剂成分,制备 NiAl 基复合材料。结果表明,添加 ZnO 的 NiAl 基复合材料在 1000℃时磨损率最低(7×10^{-6} $mm^3/(N \cdot m)$),而 CuO 的加入使复合材料表现出自润滑性,且 800℃时摩擦学性能最佳。

从摩擦学的角度分析,有效添加的固体润滑剂,使 NiAl 基复合材料可以成功应用于不同温度。据一项研究报道[63],Ti_3SiC_2 作为 NiAl 合金中的固体润滑剂,可以有效地提高 NiAl 基自润滑复合材料高温下的强度,并改善其摩擦学性能。

Ozdemir 等人[64]研究了压力辅助燃烧合成制备的 NiAl 金属化合物在不同载荷下的摩擦系数和磨损率。在 2N 载荷下,复合材料的摩擦系数为 0.73,而在

10N 载荷下则为 0.53，摩擦系数随载荷的增加呈下降趋势。此外，NiAl 金属化合物材料添加软质氧化物时，显示出良好的高温摩擦学性能[65-67]。

合金化是用于提高脆性金属化合物常温断裂韧性、屈服强度和延展性的有效方法之一。由于相对较高的熔点、良好的导热性、耐高温蠕变性以及高的断裂韧性[68,69]，NiAl-28Cr-6Mo 共晶合金被认为是迄今为止所发现的多元素材料中，可用作高温自润滑复合材料基质的最优选择。最近，NiAl 基高温自润滑复合材料也得到了研究[62,70]，NiAl 基质与各种高温固体润滑剂（如氧化物和氟化物）复合，具备优异的高温润滑性能。

众所周知，因为软质氧化物可以提供低剪切强度和高延展性，并且能够形成转移膜保护滑动表面免于磨损，所以添加软质氧化物是减少材料高温下摩擦和磨损的有效方法之一。文献[62]采用粉末冶金法制备了 NiAl、NiAl-Cr-Mo 合金和添加氧化物（ZnO-CuO）的 NiAl 基复合材料，测试结果表明，由于高温固态反应，添加氧化物的复合材料在制造过程中形成了一些新相（如 $NiZn_3$、$Cu_{0.81}Ni_{0.19}$ 和 Al_2O_3）。单体 NiAl 力学性能差，在高温下摩擦系数和磨损率都很高。Cr（Mo）的加入不仅显著提高了 NiAl 的力学性能，而且极大地改善了其高温摩擦学性能。在 1000℃ 条件下，添加 ZnO 的 NiAl 基复合材料由于在磨损表面上形成了 ZnO 层，因此具有良好的耐磨性。同时，在 800℃ 条件下，添加 CuO 的 NiAl 基复合材料表现出良好的自润滑性和优异的摩擦学性能。这归因于形成了 CuO 和 MoO_3 釉层。

此外，在 800℃ 和 1000℃ 高温下，添加 CaF_2 的 NiAl 基复合材料，具有低的摩擦系数（约为 0.2）和优异的耐磨性（磨损率约 1×10^{-5} $mm^3/(N\cdot m)$）[70]，这主要是由于在磨损表面形成了以 $CaCrO_4$ 和 $CaMoO_4$ 为主要成分的釉膜，表现出优异的高温自润滑性。但该复合材料在低温下摩擦学性能较差。在低温条件下，添加 Ag 能够明显降低摩擦系数，增加耐磨损性。测试结果也表明，在低温下 Ag 可以作为 NiAl 金属化合物的良好固体润滑剂，但会使材料强度降低，且在高温下对摩擦和磨损性能会起相反作用。

Cr-Mo-CaF_2-Ag 复合材料在室温和 1000℃ 之间的宽温度范围内，能够维持自润滑性能（图 4.4）。尤其在 800℃ 高温下，复合材料具有优异的摩擦学性能，摩擦系数低至约 0.2，磨损率约 7×10^{-5} $mm^3/(N\cdot m)$。在宽温度范围内表现出低摩擦系数可归因于 Ag、CaF_2、$CaCrO_4$ 和 $CaMoO_4$ 的协同效应。

一些传统的固体润滑剂，如 MoS_2 和 WS_2，由于其特殊结构，在低温下可以很好地工作[50,71-74]。但它们在高温下易被氧化，如 MoS_2 固体润滑剂在空气中的最高使用极限温度约 400℃[71,72]。而 Ti_3SiC_2 陶瓷作为一种新型固体自润滑摩擦材料，已经证明具备高温应用前景[75,76]，其高温下摩擦系数和磨损率均较

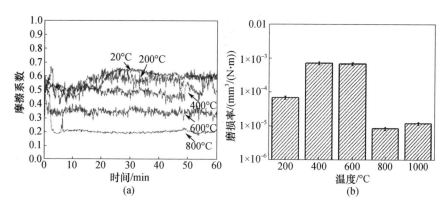

图 4.4 NiAl-Cr-Mo-CaF$_2$-Ag 复合材料在不同温度下摩擦学性能的变化情况
(a)摩擦系数;(b)磨损率。

低[49,75,77]。

当前一项研究中,使用 Ti$_3$SiC$_2$ 和 MoS$_2$ 作为润滑相,TiC 作为增强相,采用 SPS 方法制备了含有定量 Ti$_3$SiC$_2$ 和不同量 MoS$_2$ 的 NiAl 基自润滑复合材料。并对其从室温到 800 ℃ 温度范围内的滑动干摩擦性能进行了测试,探索 Ti$_3$SiC$_2$ 和 MoS$_2$ 润滑剂的协同作用机理[78]。NiAl 基自润滑复合材料中,Ti$_3$SiC$_2$ 的质量分数为 5%,MoS$_2$ 的质量分数分别为 0%、3%、5% 和 7%,复合材料名称依次简记为 NAT、NATM3、NATM5 和 NATM7。NiAl 基复合粉末由市售的 Ni、Al、Mo、Nb 和 B 粉末(平均粒径尺寸为 30~50 μm,纯度为 99.9%)组成,原子比为 48∶50∶1∶1∶0.02。

复合材料 NA、NAT 和 NATM 的摩擦系数随温度的变化情况如图 4.5(a)所示。可见,NA 的摩擦系数随温度升高而急剧增加,在 800 ℃ 时最大值约为 0.71。当加入 Ti$_3$SiC$_2$ 后,NAT 的摩擦系数在温度超过 200 ℃ 以后逐渐降低,在 800 ℃ 时达到最低值。与 NA 和 NAT 相比,通过添加 Ti$_3$SiC$_2$ 和 MoS$_2$ 润滑剂,NATM 在较宽的温度范围内摩擦系数较低。在低于 400 ℃ 时,与 NAT 相比,添加 MoS$_2$ 的 NATM 摩擦系数降至 0.13~0.42,表明 MoS$_2$ 改善了复合材料低温下的摩擦性能。随着温度升高,在 400~800 ℃ 范围内时,NATM 的摩擦系数远低于 NA。此外,还可以发现在 200~800 ℃ 条件下,NATM5 在所有样品中具有最低的摩擦系数(低于 0.30)。

图 4.5(b)显示了复合材料 NA、NAT 和 NATM 磨损率随温度的变化情况。可以看出,随着温度升高,NA 的磨损率从 4.30×10^{-5} mm^3/(N·m) 逐渐增加到 1.45×10^{-4} mm^3/(N·m)。NAT 的磨损率,从室温到 800 ℃ 变化很大,在 400 ℃ 时最低,约 3.8×10^{-5} mm^3/(N·m)。添加 Ti$_3$SiC$_2$ 和 MoS$_2$ 润滑剂后,NATM 的磨损

率远低于 NA,在 200~800℃ 温度范围内,其磨损率也始终保持较低值。此外,还可以发现 NATM5 的磨损率在所有测试温度下最稳定,且在很宽的温度范围内表现出优异的摩擦学性能。

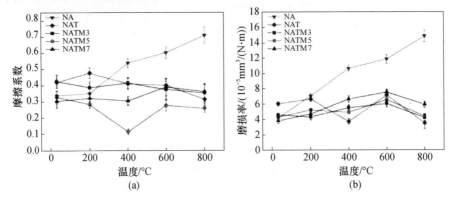

图 4.5 复合材料 NA、NAT、NATM3、NATM5 和 NATM7 的
摩擦学性能随温度的变化情况(见彩图)
(摘自:Shi, X. et al., *Mater. Des.*, 55,93-103, 2014)
(a)摩擦系数;(b)磨损率。

根据上述摩擦磨损结果,可知,与 NA 和 NAT 相比,NATM 在较宽的温度范围内表现出较低的摩擦系数和磨损率。添加 MoS_2 是 NATM 在室温和 400℃ 之间摩擦系数较低的原因[79],同时,Ti_3SiC_2 增强了高温下的自润滑性能[75,77]。因此推断,添加 Ti_3SiC_2 和 MoS_2 润滑剂,是扩大 NiAl 基复合材料工作温度范围的有效方法。

随温度变化,复合材料磨损表面的形态也不同。如图 4.6(a)所示,在室温下 NA 的磨损表面上有凹坑和明显的裂缝,表明主要的磨损机理是微裂纹。在 200℃ 和 400℃ 时,如图 4.6(b)和(c)所示,NA 磨损表面平坦,呈现连续且均匀的划痕。当温度升高到 600℃ 时,因为摩擦表面上附着有大量磨损颗粒,在滑动过程中形成了松散的摩擦膜,如图 4.6(d)所示。在 800℃ 时,NA 磨损表面覆盖的摩擦膜被严重撕裂,如图 4.6(e)所示,在变形的表面上也可以观察到严重的材料剥落,主要的磨损机理是表面变形。

不同温度下 NAT 的磨损表面比 NA 更平滑,并且在 NAT 的磨损表面上可以观察到明显的摩擦膜。图 4.7(a)~(c)显示了平行于滑动方向的沟槽和材料剥落,表明低温下主要的磨损机理是犁沟和剥落。当温度升高到 600℃ 时,一些区域形成了不连续的摩擦薄膜,大多数摩擦表面都被磨损颗粒覆盖,如图 4.7(d)所示。与 NA 相比,NAT 的摩擦膜在 600℃ 时更致密,这归因于 TiC 颗粒在滑动

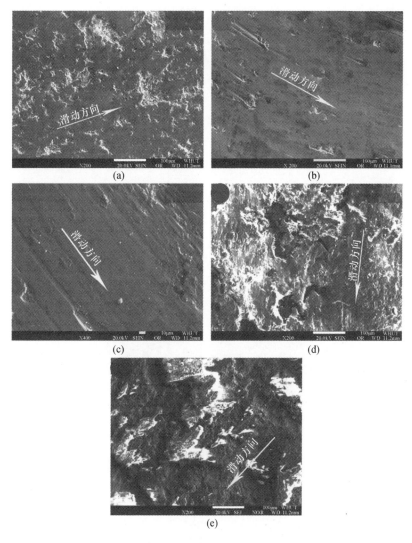

图4.6 不同温度下NA磨损表面形态的电子探针显微结果
(摘自:Shi, X. et al., *Mater. Des.*, 55, 93–103, 2014)
(a)室温;(b)200℃;(c)400℃;(d)600℃;(e)800℃。

过程中的强化作用。

EDX分析表明,在NAT的磨损表面上也观察到大量的O、Al和Ni,以及少量的Ti、Si和C,推测在滑动过程中形成了大量的铝和镍的氧化物。随着温度的进一步升高,磨损表面变得更加平滑,如图4.7(e)所示。此外,在NAT的磨损表面出现了连续的摩擦膜和轻微划痕。被压实的摩擦转移层的存在,减少了Si_3

N_4陶瓷球与 NAT 的直接接触,并在界面处提供剪切强度较低的连接,减少界面剪切所需能量,因此,摩擦系数被降低。

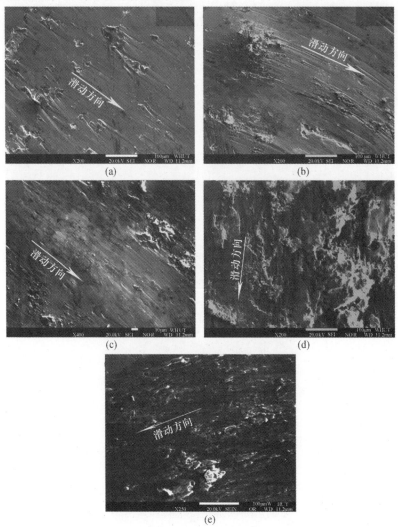

图 4.7　不同温度下 NAT 磨损表面形态的电子探针显微结果
(摘自:Shi, X. et al.,*Mater. Des.*, 55, 93-103, 2014)
(a)室温;(b)200℃;(c)400℃;(d)600℃;(e)800℃。

与 NA 相比,NATM5 在不同温度下的磨损表面更加平滑。在室温下,如图 4.8(a)所示,大量的层状颗粒附着在 NATM5 的磨损表面上,表明主要的磨损机理是黏着磨损。当温度升至 200℃时,磨损表面会出现一些微小裂缝(图 4.8(b))。在 400℃时,由图 4.8(c)可知,磨损表面形成了摩擦薄膜,降低了摩擦系数和磨损率,此时摩擦系数和磨损率也是最低值。随着温度继续升高至600℃,在 NATM5 的磨损表面上存在致密且完整的摩擦膜,如图 4.8(d)所示。由于热应力诱导摩擦化学氧化作用,在摩擦表面产生了金属氧化物,磨损表面在滑动过程中形成大量 MoO_3[80],使得摩擦系数和磨损率在 600℃时有所增加。

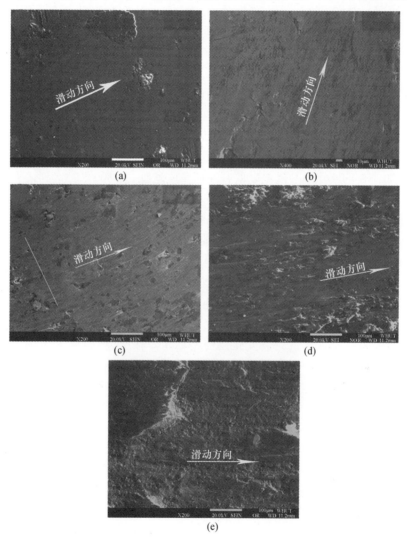

图 4.8 不同温度下 NATM5 磨损表面形态的电子探针显微结果
(摘自:Shi, X. et al., *Mater. Des.*, 55, 93-103, 2014)
(a)室温;(b)200℃;(c)400℃;(d)600℃;(e)800℃。

以上分析表明,在 NiAl 基自润滑复合材料中加入 MoS_2 和 Ti_3SiC_2 是扩大其工作温度范围的直接有效方法。MoS_2 在低温和中温下起到了润滑作用,而 Ti_3SiC_2 在高温下生效,在 NATM5 中较好地实现了 MoS_2 和 Ti_3SiC_2 的协同润滑作用。同时,XPS 光谱也证实了 NATM5 的磨损表面上存在 TiO_2、SiO_2 和 MoO_3。

另一项研究探讨了从室温到 800℃条件下,MoS_2 与 Ti_3SiC_2 以及 WS_2 与 Ti_3SiC_2 的协同润滑作用机理[81]。作者采用 SPS 方法制备了 NiAl 基自润滑复合材料,其中 MoS_2、WS_2 和 Ti_3SiC_2 作为润滑剂,以改善复合材料的摩擦学性能。还制备并测试了不含润滑剂的 NA 以及含 PbO 的 NiAl。考虑到低温和高温下的摩擦学性质,二元润滑剂(Ti_3SiC_2-MoS_2 和 Ti_3SiC_2-WS_2)中的每种润滑剂(MoS_2、Ti_3SiC_2 和 WS_2)添加量均为 5%。对比每种润滑剂的单独添加量,PbO 润滑剂添加量也选为 5%。因此,NiAl 基自润滑复合材料中润滑剂的质量分数固定为 5% PbO、5% Ti_3SiC_2-5% MoS_2 和 5% Ti_3SiC_2-5% WS_2。

图 4.9(a)给出了 NiAl 基自润滑复合材料在不同温度下摩擦系数的变化情况。可知,NA 的摩擦系数随温度的升高而急剧增加,在 800℃时达到最大值,约为 0.70。随着 PbO 的加入,NiAl-PbO 的摩擦系数随温度的升高而明显降低,在 600℃时达到最低值,约 0.10。然而,NiAl-PbO 的摩擦系数在 800℃时增加到 0.45,表明 PbO 的应用受到温度范围限制,因此,NiAl-PbO 在 600℃以下具备自润滑性能。

添加二元润滑剂 Ti_3SiC_2-MoS_2 的 NiAl-Ti_3SiC_2-MoS_2 复合材料,在室温到 800℃表现出较低的摩擦系数(低于 0.30),表明二元润滑剂 Ti_3SiC_2-MoS_2 在宽温域内具有良好的自润滑作用。当加入 Ti_3SiC_2-WS_2 后,NiAl-Ti_3SiC_2-WS_2 复合材料的摩擦系数随温度的升高变化趋势不稳定。在室温到 200℃范围内,摩擦系数急剧增加,然后在 400℃较高温度时迅速下降。在 600℃时又再次升高,而后在 800℃时又降低。

图 4.9(b)显示了 NiAl 基自润滑复合材料在不同温度下磨损率的变化情况。可知,随着温度升高,NA 的磨损率从 $4.30 \times 10^{-5} mm^3/(N \cdot m)$ 逐渐增加到 $1.45 \times 10^{-4} mm^3/(N \cdot m)$。与 NA 相比,NiAl-PbO 的磨损率呈现出相似的变化趋势。随着 Ti_3SiC_2-MoS_2 的添加,NiAl-Ti_3SiC_2-MoS_2 与 NA 相比显示出较低的磨损率,并且在宽温度范围内磨损率低于 $6 \times 10^{-5} mm^3/(N \cdot m)$。当温度从室温升高到 600℃时,NiAl-$Ti_3SiC_2$-$WS_2$ 的磨损率随温度的升高而降低。

根据上述摩擦磨损结果,可知,NiAl-Ti_3SiC_2-MoS_2 在较宽的温度范围内表现出较低的摩擦系数和磨损率。与 NA 相比,添加 Ti_3SiC_2-MoS_2 后,NiAl-Ti_3SiC_2-MoS_2 的摩擦系数显著降低,并保持在低于 0.30。在 600℃时,磨损率从 $1.2 \times 10^{-4} mm^3/(N \cdot m)$ 大幅降低到 $4.7 \times 10^{-5} mm^3/(N \cdot m)$。特别是在 400℃和 800℃下,NiAl-$Ti_3SiC_2$-$MoS_2$ 表现出优异的自润滑性能。因此推断,二元润滑剂

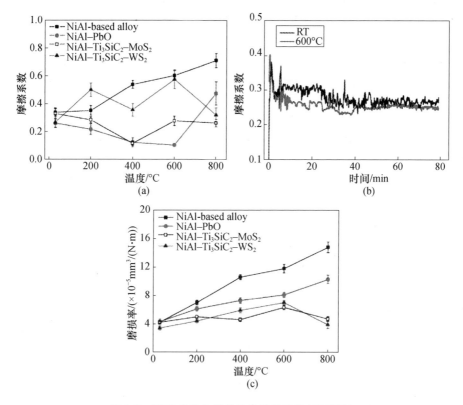

图 4.9　NiAl 基复合材料的摩擦学性能(见彩图)
(摘自:Shi, X. et al., *Wear*, 310, 1-11, 2014)
(a)摩擦系数;(b)NiAl-Ti$_3$SiC$_2$-MoS$_2$ 的摩擦系数;(c)磨损率。

Ti$_3$SiC$_2$-MoS$_2$ 可有效扩宽 NiAl 基复合材料的工作温度范围。测试结果也表明,MoS$_2$ 在低温和中温[79],而 Ti$_3$SiC$_2$ 在高温,共同实现了复合材料宽温度范围的自润滑性能[75,76]。但是,添加 PbO 或二元润滑剂 Ti$_3$SiC$_2$-WS$_2$ 的 NiAl 基复合材料,其自润滑性能在宽温域内不稳定。

从 NiAl(NA)表面的磨损形态分析,在室温条件下,NA 磨损表面有明显的裂纹和凹痕,这意味着微裂纹可能为其主要磨损机理。在 200℃和 400℃时,NA 磨损表面划痕连续且均匀,磨损轨迹平坦。当温度升高到 600℃时,观察到大量磨损颗粒,在滑动过程中形成黏附在磨损表面上的松散摩擦膜。在 800℃时,NA 的磨损表面覆盖着严重撕裂的摩擦膜。在变形后的表面上也可观察到严重的材料剥落,主要的磨损机理是表面变形,表明在滑动干摩擦过程中较高的接触压力使表面产生了塑性变形。可以解释为高接触压力和高温共同导致表面变形和材料剥落。

在 NiAl-PbO 的磨损表面上明显出现了大量凹坑,其在室温下的主要磨损机理是黏着磨损。在 200℃时,开始出现大量明显的深槽和凹坑。随着温度升高到 400℃,NiAl-PbO 磨损表面上的凹槽变得更深、更粗糙,相应的磨损机理从 200℃的微切削转变到微犁削和塑性变形。600℃时,在 NiAl-PbO 的磨损表面上形成较厚的灰色摩擦膜。当温度升高到 800℃时,NiAl-PbO 的磨损表面变得更加粗糙,并且在变形后的表面上也可以观察到严重的剥落现象。摩擦膜的 EDX 分析表明,灰色摩擦膜主要由氧化铅组成。在滑动过程中,铅的氧化物被挤出并扩散在磨损表面上。摩擦膜是 NiAl-PbO 在 600℃下出现低摩擦系数的主要原因,它在保护材料方面发挥了重要作用。

在不同温度下,NiAl-Ti_3SiC_2-MoS_2 与 NA 相比,磨损表面更加平滑。在室温下,有大量的层状颗粒附着在 NiAl-Ti_3SiC_2-MoS_2 的磨损表面上,这意味着其主要的磨损机理是黏着磨损。在滑动过程中,前期形成的磨损碎屑在两个表面之间移动,主要的磨损机理从两体磨损变为三体磨损。当温度升高到 200℃时,磨损表面会出现大量微小裂纹;在 400℃时,形成了摩擦薄膜,降低了材料的摩擦系数和磨损率。同时,在 NiAl-Ti_3SiC_2-MoS_2 的磨损表面上也观察到划痕和犁沟。NiAl-Ti_3SiC_2-MoS_2 中的 TiC 颗粒在提高硬度和抗塑性变形方面起着重要作用。当温度继续升高到 600℃时,在 NiAl-Ti_3SiC_2-MoS_2 的磨损表面上出现致密且完整的摩擦膜。同时,通过 XPS 光谱证实,在 600℃下磨损表面上存在 MoO_3。

NiAl-Ti_3SiC_2-WS_2 与 NiAl-Ti_3SiC_2-MoS_2 在不同温度下的磨损形貌相似。室温下,在 NiAl-Ti_3SiC_2-WS_2 的磨损表面上出现明显的划痕和凹坑,同时一些颗粒粘附在磨损表面上。随着温度升高到 200℃,在 NiAl-Ti_3SiC_2-WS_2 的磨损表面上出现更多的凹坑。当温度升高到 400℃时,磨损的表面变得更粗糙,可以看到明显的凹槽和凹坑,表明主要的磨损机理是微犁削。在 600℃下,磨损表面上形成致密且均匀的摩擦膜。当温度继续升高到 800℃时,磨损表面上出现了破损的摩擦膜。EDX 分析表明,此时 O 原子百分含量为 13.66%,表明在滑动过程中加入二元润滑剂 Ti_3SiC_2-WS_2 时氧化现象并不严重。

图 4.10 为 NiAl-Ti_3SiC_2-MoS_2 在不同温度下滑动过程中的磨损机理示意图。在室温下,如图 4.10(a)所示,低温(0~400℃)固体润滑剂(MoS_2)由于热应力被挤出,并在滑动过程中在磨损表面上扩散。然而,由于环境温度低,热应力的影响受到限制,表面上的润滑剂含量很低,磨损的表面没有被润滑剂完全覆盖,由此产生了大量裂纹。随着温度的升高,热应力的影响变得明显,越来越多的低温固体润滑剂 MoS_2 从复合材料中被挤出。在滑动过程中,MoS_2 均匀地铺展在磨损表面上,由此在磨损表面上形成了一个完整的含有低温固体润滑剂的摩擦膜(图 4.10(b)),有效地隔离了试样和 Si_3N_4 对摩球之间的摩擦力,从而降低

了摩擦系数和磨损率。

在滑动过程中,随着温度的升高会发生更严重的氧化现象,并且当温度高于400℃时,含有低温固体润滑剂 MoS_2 的摩擦膜被氧化。磨损的表面被含有大量 Mo-Ti-Si 氧化物的摩擦膜所覆盖(图4.10(c))。同时,另一种含有高温有效固体润滑剂 Ti_3SiC_2 的摩擦膜开始形成,并起到保护磨损表面的作用。

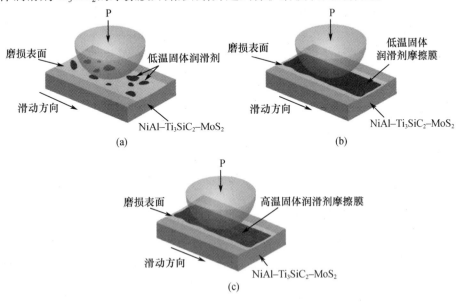

图4.10 在不同温度下,$NiAl-Ti_3SiC_2-MoS_2$ 复合材料滑动过程中磨损机理的示意图
(摘自:Shi, X. et al., *Wear*, 310, 1–11, 2014)
(a)室温;(b)室温约400℃;(c)400~800℃。

根据上述分析可知,温度在400℃以下时,低温固体润滑剂(MoS_2)从复合材料中挤出,在磨损表面形成摩擦膜,有效地保护了低温下的试样,有利于降低试样的摩擦系数和磨损率。随着温度的升高,含有低温固体润滑剂的摩擦膜逐渐被氧化。同时形成了一种新的含有高温固体润滑剂 Ti_3SiC_2 的摩擦膜,以在高温下继续保护磨损表面。低温固体润滑剂(MoS_2)在低温和中温下实现了宽温度范围的自润滑性能,同时固体润滑剂 Ti_3SiC_2 在高温下发挥作用。因此,在 NiAl 基自润滑复合材料中加入 MoS_2 和 Ti_3SiC_2 是扩大其工作温度范围的直接有效方法。

石墨烯是一种固体润滑添加剂,自发现以来一直受到广泛关注。石墨烯卓越的力学性能[82],例如,高的弹性模量(0.5~1TPa)和抗拉强度(130GPa),确保石墨烯可用作结构复合材料的增强体[83,84]。一项研究探索了含石墨烯的 NiAl

基自润滑复合材料(NSMG)的润滑机理和摩擦行为,以确定获得优异摩擦学性能的合适载荷条件[85]。实验是在室温,0.2 m/s 的滑动速度,Si_3N_4 对摩球直径 6mm 的条件下研究 NSMG 的摩擦学行为,其中试验载荷分别为 2N、6N、12N 和 16N,摩擦过程持续 80min。

图 4.11(a)显示了复合材料动态摩擦系数的典型测量曲线。图 4.11(b)显示了试样在 2~16N 载荷下的磨损率。在 2N 时,NSMG 具有相对较高的摩擦系数(0.6~0.8)和较低的磨损率(2.82×10^{-5} $mm^3/(N \cdot m)$)。显然,其摩擦系数曲线也不稳定,纵轴方向数值波动严重,表明摩擦副接触运行状态不稳定,接触过程受到阻碍。在此过程中,两对偶件的接触部分出现瞬时分离。在 6N 时,摩擦系数(0.5~0.6)随着载荷的增加而减小,而磨损率增加至 3.57×10^{-5} $mm^3/(N \cdot m)$。此时,摩擦系数曲线相对 2N 时变得平滑稳定;纵轴线方向上的摩擦系数波动范围也远低于 2N 载荷下的曲线,这表明随着接触载荷的增加,摩擦过程变得更加稳定。

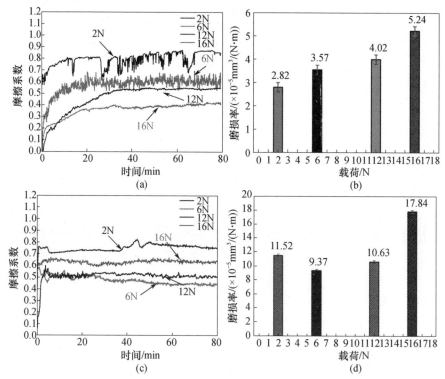

图 4.11　复合材料与 Si_3N_4 球对摩时不同载荷下的摩擦学性能(见彩图)
(a)NSMG 的摩擦系数;(b)NSMG 的磨损率;
(c)NiAl 基合金的摩擦系数;(d)NiAl 基合金的磨损率。

在载荷为 12N 时,NSMG 具有较低的摩擦系数值(约 0.5)和磨损率($4.02 \times 10^{-5} mm^3/(N \cdot m)$),摩擦系数曲线比前一条(6N 载荷)略低且更加平滑,表明摩擦状态随着负荷增加到 12N 而变得稳定。在 16N 时,NSMG 具有最低的摩擦系数(0.42)和最高的磨损率($5.24 \times 10^{-5} mm^3/(N \cdot m)$)。与 2N 和 6N 相比,接触载荷 16N 时的摩擦系数曲线更平滑,摩擦系数的平均值显著降低,并且也是四个载荷下的最小值。可以推断,将载荷从 2N 增加到 16N 时,摩擦系数减小,并且曲线变得更加平滑。

图 4.12 显示了含石墨烯 NiAl 基自润滑复合材料(NSMG)磨损表面形态的典型 EPMA(电子探针微区分析技术)结果。试验时载荷分别是 2N、6N、12N 和 16N。四张图片的磨损表面上均呈现了一些平行凹槽,但是 2N 载荷(图 4.12(a))以及 6N 载荷(图 4.12(b))下的凹槽是间断不连续的,磨损表面上的划痕也不连续,可能是由于在摩擦过程中球和盘的接触分离以及重新附着引起的。此外,在 2N 和 6N 的接触载荷下,NSMG 的磨损表面存在严重的缺陷和微凸峰。

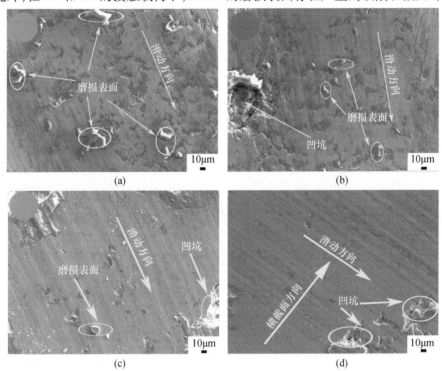

图 4.12　在不同接触载荷下测试后 NSMG 磨损表面的 EPMA 形态
(a)2N;(b)6N;(c)12N;(d)16N。

当载荷增加到 12N 时,如图 4.12(c)所示,磨损表面变得平坦、光滑,凹槽也变得细小,与2N和6N接触载荷下的窄槽和深槽形貌完全不同。同时,在较大的法向载荷下,磨损表面也呈现连续性,能观察到一些凹坑和磨损碎屑。可以认为,随着法向载荷的增加,接触应力越大,接触面积越大,意味着更容易产生塑性变形,也有利于产生摩擦膜。

当载荷增加到16N时,磨痕变得更宽,整个磨损表面也更加细腻和平坦,不像前述较低载荷的图像那样具有较多凹坑和粗糙峰。显然,在高载荷下,表面更容易发生相对较严重的塑性变形,降低了表面粗糙度和缺陷,也改善了凹坑的形貌,形成一些微小的颗粒,从而降低了接触过程中不稳定性对摩擦系数的影响。因此,在16N载荷下,摩擦系数较小。但是,在较高的载荷下,在摩擦膜的生成过程中由于碎屑脱落形成了较大的凹坑,磨损更严重,磨损率相应较高。换句话说,在较高载荷下,产生了更大的塑性变形和磨损碎屑,形成了新材料层,起到了降低摩擦系数的作用。根据前面的结果分析得出,Si_3N_4球和NSMG盘在16N负载下对摩时,表现出更好的磨损性能。为了进一步探索摩擦层的微观结构和形成机理,对磨损表面垂直于滑动方向横截面的亚表面进行分析,横截面的位置如图4.12(d)所示。

基于上述分析结果,摩擦层的微观结构是在摩擦和磨损过程中形成的。从宏观摩擦学角度,摩擦的主要形式是多点接触模型。因此,低负荷下对偶材料接触点少,接触压力高,从而表现为接触点引起的材料塑性变形和犁沟效应[86-88]。与理想表面完全接触的假设不同[89],低负荷下表面的实际接触情况是多点接触模型,如图4.13(a)所示。实际摩擦副的接触发生在球的底部和磨损表面的粗糙峰之间。当施加载荷(2N和6N)较小时,将产生较小的等效应力,相应材料的磨损损失较少,故磨损率较低。但是低压作用的摩擦过程会留下较多粗糙峰和

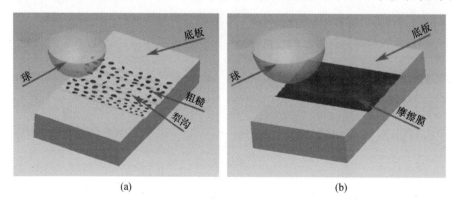

图4.13 不同载荷下NSMG磨损表面微观结构示意图
(a)载荷2N和6N; (b)载荷12N和16N。

表面缺陷,如图 4.13(a)所示,因此摩擦状态不稳定,摩擦系数在较大范围内波动。如果施加载荷(12N 和 16N)较高,接触点间等效应力较大,相应产生较大的表面变形,接触点数量增加或转变为面接触形式。因此,表面的粗糙峰和缺陷也将被抛光和磨平,从而导致磨损率增大。如图 4.13(b)所示,由于表面被光滑平坦的摩擦膜覆盖,反而有助于降低摩擦系数。

4.3 铝基陶瓷自润滑复合材料

4.3.1 氧化铝陶瓷基自润滑复合材料

与金属或聚合物相比,陶瓷是相对硬且脆的材料,具有优异的耐高温和抗恶劣环境的能力。氧化铝(Al_2O_3)陶瓷,因其低廉的价格、高的熔点、耐磨性和化学稳定性,是一种极有应用前景的高温材料。特别是高性能氧化铝陶瓷基复合材料,作为耐磨元件的潜力很大[90-93]。

然而,由于高温下,Al_2O_3 的滑动摩擦系数和磨损率都很高,限制了其高温应用。为克服这一问题,必须采用固体润滑。关于 Al_2O_3 陶瓷的润滑问题,近年来已经进行了许多研究,其中成功的例子是采用 Ag 和氟化物作为固体润滑剂的氧化铝基复合材料[16,94,95]。在高温下,Al_2O_3-Ag-CaF_2 复合材料的耐磨性得到了明显改善,其自润滑机理主要是润滑剂的协同效应,在摩擦表面上生成 Ag 和 CaF_2 的混合润滑膜,起到降低材料高温下摩擦和磨损的作用。

此外,在 Al_2O_3 陶瓷中加入 h-BN,也能够提高材料的摩擦学性能。h-BN 具有优异的摩擦学性能、高的热稳定性和化学惰性,被认为是最有应用前景的固体润滑剂之一。这种多功能材料现已广泛用于改善复合涂层以及金属基和陶瓷基自润滑复合材料的摩擦和磨损性能[96,97]。h-BN 还可与难以切割的材料(如陶瓷材料)相结合,通过大幅降低材料硬度来提高其可加工性[98-101]。

高性能陶瓷-石墨复合材料应用于运动部件具有广泛的应用前景,如气缸、滑动轴承和密封件[15,102-104]。由于石墨的润滑作用,在滑动过程中能够在陶瓷表面形成覆盖良好的润滑膜,使得复合材料在很宽的温度范围内表现出优异的自润滑性能。最近研究的 Al_2O_3-石墨层状复合材料的设计思路如表 4.1 所列。使用市售的胶体石墨粉(≤4μm),用 5% TiO_2-CuO 烧结助剂(TiO_2:CuO=4:1)改性的纳米 Al_2O_3 粉末(80~200nm)[105]进行制备。

表 4.1　各样品的化学成分和几何参数

样品	化学成分		膜厚度 d_a（石墨层间距）	d_g（石墨层）	石墨相组成体积分数 /%	材料类型
	a	g				
A	Al_2O_3				0	
B	Al_2O_3	石墨	440	24	5.2	
C	Al_2O_3	石墨	440	40	8.3	
D	Al_2O_3	石墨	440	56	11.3	
E	Al_2O_3	石墨	440	72	14.1	石墨层厚度不同的材料
F	Al_2O_3	石墨	440	88	16.7	
G	Al_2O_3	石墨	440	104	19.1	
H	Al_2O_3	石墨	440	120	21	
D	Al_2O_3	石墨	440	56	11.3	
I	Al_2O_3	石墨	1056	56	5	
J	Al_2O_3	石墨	880	56	6	
K	Al_2O_3	石墨	292	56	16.1	石墨层之间不同的材料
L	Al_2O_3	石墨	252	56	18.2	
M	Al_2O_3	石墨	212	56	21	
H	Al_2O_3	石墨	440	120	21	
M	Al_2O_3	石墨	212	56	21	
N	50.0% Al_2O_3 - 50.0% 石墨		184	84	21	石墨相组成体积分数相同的材料
O	88.3% Al_2O_3 - 11.7% 石墨				21	

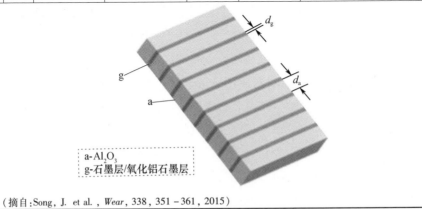

a-Al_2O_3
g-石墨层/氧化铝石墨层

（摘自：Song, J. et al., *Wear*, 338, 351–361, 2015）

与单纯 Al_2O_3 陶瓷相比,Al_2O_3-石墨层状复合材料具有优异的摩擦学性能。从图 4.14 可知,单纯氧化铝陶瓷的摩擦系数在 0.69 左右,而且波动很大。层状复合材料比 Al_2O_3 陶瓷单体具有更低且更稳定的摩擦系数,尤其是样品 H 和 M。当石墨层和 Al_2O_3 层的厚度分别为 56μm 和 212μm 时,氧化铝/石墨层状复合材料的最佳摩擦系数可减小到 0.31,与单纯 Al_2O_3 陶瓷相比减少了约 55%。此外,材料摩擦系数的值和稳定性受到 d_a 和 d_g 值的影响显著,通过调节 d_a 和 d_g 的值,可以大大降低摩擦系数。对于 Al_2O_3 层厚度恒定的样品(440μm),随着 d_g 的增加,层状复合材料的摩擦系数先快速下降,当 d_g 值超过 56μm 时,缓慢降低(图 4.14(a))。

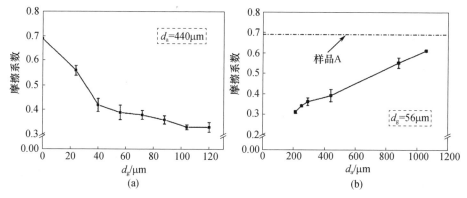

图 4.14 Al_2O_3-石墨复合材料的摩擦系数

(摘自:Song, J. et al., *Wear*, 338, 351-361, 2015)

(a)摩擦系数随石墨层厚度的变化情况;(b)摩擦系数随 Al_2O_3 层厚度的变化情况。

为了揭示层状复合材料润滑性能的影响因素,图 4.15 显示了石墨相体积分数与复合材料摩擦系数的关系。如图 4.15 所示,随着 d_g 增加(样品 A-H)和 d_a 减小(样品 I-M),石墨相的体积分数变大。随着样品中石墨相体积分数增加,层状复合材料的摩擦系数逐渐降低。当石墨相的体积分数超过 11% 时,摩擦系数值(低于 0.4)相对较低。这主要是因为复合材料中石墨相的含量直接影响滑动表面上润滑膜和转移膜的形成。在此基础上,样品 B、J 和 I 的高摩擦系数(图 4.15)可解释为石墨相含量较低,这三种层状复合材料难以形成润滑膜和转移膜。

单纯 Al_2O_3 陶瓷和 Al_2O_3-石墨层状复合材料磨损表面的 SEM 图像和磨痕轮廓如图 4.16 所示。图 4.16(a)~(c)分别给出了摩擦试验后样品 A、D 和 H(具有不同的 d_g)的表面状态。从图 4.16 可知,材料的磨损轨迹和摩擦系数不连续。层状样品(样品 D 和 H)的磨损比单纯 Al_2O_3 陶瓷更严重,特别是在石墨层的边缘(图 4.16(b))。添加石墨润滑相可降低层状复合材料的摩擦阻力,但磨损率很大程度上取决于材料的结构参数和承载能力。

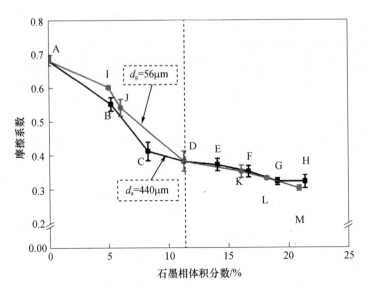

图 4.15 层状复合材料摩擦系数与石墨相体积分数的关系
(摘自:Song, J. et al., *Wear*, 338, 351–361, 2015)

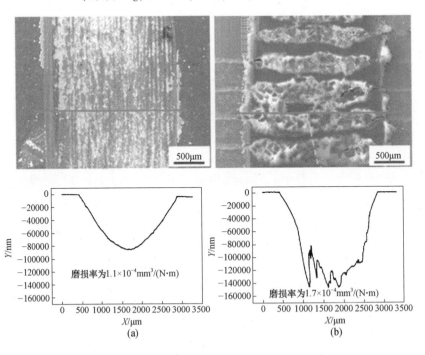

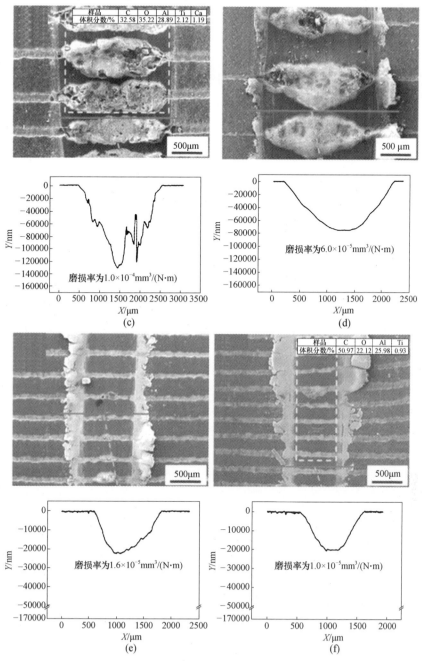

图 4.16 不同试样磨痕的 SEM 形貌和磨痕轮廓

(摘自:Song, J. 等人, *Wear*, 338, 351 – 361, 2015)

(a)单纯 Al_2O_3 陶瓷; (b)样品 D; (c)样品 H; (d)样品 I; (e)样品 K; (f)样品 M。

同样可以通过样品 I、K 和 M(d_a 不同)的典型磨损表面(图 4.16(d)~(f))进行分析。无论石墨层厚度如何,当材料 Al_2O_3 层厚度较大时,易于在石墨层边缘发生严重磨损。如果 Al_2O_3 层的厚度非常大,将使石墨层间距离增大,不易在摩擦表面上形成有效的润滑膜(图 4.16(d)),将导致摩擦阻力很大,从而加剧材料磨损。对于具有中等恒定厚度的石墨层样品,较薄的 Al_2O_3 层厚度意味着石墨层之间的间距较小,这有利于形成润滑膜和转移膜。

磨损表面的 SEM 显微照片和 EDX 分析表明,层状样品中石墨相的存在和分布也对摩擦副的磨损机理产生显著影响。摩擦产生的石墨膜有利于减少摩擦副的磨损。EDX 结果清楚地表明,Al_2O_3 陶瓷球的磨损表面存在与样品 H 和 M 相对应的石墨膜,并且与样品 M 对磨的 Al_2O_3 陶瓷球磨损表面上石墨原子百分比可达 37%。因此,相应滑动表面的摩擦系数较低且波动较小。以上观测结果与图 4.14 相一致,可获得层状复合材料的减摩机理。

从 Al_2O_3-石墨复合材料的摩擦试验结果可知,通过优化石墨层和 Al_2O_3 层的厚度以及层间结构组成,可大大提高 Al_2O_3-石墨层状复合材料的润滑性和耐磨性。摩擦系数与复合材料中石墨相的体积分数之间存在密切关系,石墨相含量约 21% 的层状样品(H、M 和 N)表现出最低的摩擦系数 0.31,这一摩擦系数值比单纯 Al_2O_3-石墨复合材料(样品 O)降低 11%。然而,四种材料(样品 H、M、N 和 O)的磨损率差异很大,其中样品 N 的磨损率最低,为 1.5×10^{-6} mm³/(N·m)。与单体 Al_2O_3-石墨复合材料相比,层状复合材料在滑动表面上更易于形成润滑膜。由于石墨相可以很容易地从石墨层被拖拽到摩擦表面,从而提高了滑动过程中润滑剂的浓度,减小了摩擦阻力。

高性能 Al_2O_3-Mo 层状复合材料因其出色的自润滑性和力学性能,而成为空间应用的潜在备选材料。在过去十年中,根据仿生多层结构(如贝壳)的启发,已经研究了多种层状陶瓷复合材料[106-108]。将陶瓷材料的仿生设计应用于陶瓷基自润滑复合材料,是实现陶瓷材料力学性能和摩擦学综合性能的一种有效方法。

根据以往的研究,具有层状结构的 Al_2O_3-Mo 纳米复合材料具有优异的自润滑性和力学性能[104,109,110],该多层材料由 Mo 的弱界面层组成,具有高断裂韧性和低摩擦系数。但自身也存在一些问题,如高纯度 Al_2O_3 陶瓷的摩擦系数较高,以及作为陶瓷基自润滑材料的力学性能较差。因此,限制了该类复合材料在摩擦学领域中更广泛的应用。

图 4.17 显示了具有不同层数(n 值)的 Al_2O_3-Mo 纳米层状复合材料,以及单体 Al_2O_3($n=0$)和纯 Mo,在室温和 800℃ 下的摩擦系数。五种层状样品具有相同的 d_2 值 71.5μm,室温下的摩擦系数为 0.77~0.89,并且当 n 值为 0~24

时,摩擦系数保持相对较高的值。在800℃时,当 $n<7$ 时,摩擦系数为0.86~0.94。随着 n 值进一步增加,摩擦系数大大降低,在 n 值为24时摩擦系数接近0.43。在相同的试验条件下,该摩擦系数接近于纯 Mo 的摩擦系数(0.37)测量值。

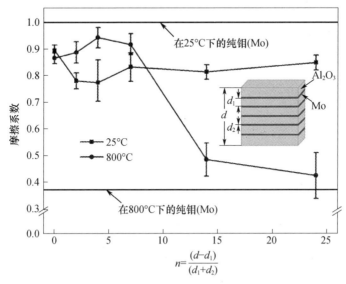

图4.17 n 值对室温和800℃下 Al_2O_3-Mo 纳米层状复合材料摩擦系数的影响
(摘自:Fang, Y. et al., *Wear*, 320, 152-160, 2014)

在室温下可见 Al_2O_3-Mo 纳米层状复合材料磨损严重,并且产生大量磨损碎屑。在放大的图片中可以找到脆性断裂和剥落的晶粒组织。随着 n 值的增加和 z 值(厚度比例 $z=d_1/d_2$)的减少,Mo 的总面积变大,在滑动期间金属钼的实际接触面积也相应增大。一方面,金属钼在800℃发生氧化反应生成的 MoO_3 数量增加;另一方面,当 Mo 的层厚 d_2 为常数时,Al_2O_3 层厚 d_1 随着 n 值的增加而减小,意味着 Mo 层之间的距离减小。以上两种结果均有利于形成 MoO_3 润滑膜,该润滑膜在滑动过程中发生塑性变形,从而降低摩擦系数。$n<7$ 的样品在800℃时没有自润滑能力,原因是纳米层状复合材料中金属钼的含量较低,高温下 MoO_3 生成数量不足,难以形成有效的润滑膜[111]。

Al_2O_3 层和 Mo 层上摩擦膜的 EDX 结果表明,五种样品摩擦膜的主要成分均为 Al_2O_3。无摩擦膜覆盖区域的 EDX 成分检测表明,在 Al_2O_3 层上无摩擦膜覆盖的区域存在少量 Ti 元素,这是由于在 Al_2O_3 中添加 TiO_2 作为烧结助剂而产生的。但是在摩擦膜中未检测到 Ti 元素,表明磨损碎屑主要来自对偶摩擦试件(Al_2O_3 柱销)。

为了克服 Al_2O_3-Mo 层状复合材料的各向异性,按照竹子的仿生设计原则制备了 Al_2O_3-Mo 纤维独石陶瓷[112],以此改进的高韧性陶瓷基自润滑材料具有显著的实际应用价值。将陶瓷材料的仿生设计应用于具有优异润滑性能的陶瓷基复合材料,是力学性能和摩擦学性能综合的一种前景广阔的方法[30, 104, 111, 113]。图 4.18 总结了在室温和 800℃下,Al_2O_3-Mo 纤维独石陶瓷,以及单体 Al_2O_3 不同表面(A、B 和 C)的平均摩擦系数。在室温条件下,材料几个表面上的摩擦系数都很高,介于 0.75~0.83 之间。然而,在 800℃时,摩擦系数大大降低至极低水平,在各个表面上均接近 0.30,比单体复合材料低得多(约 0.31 倍)。该值也比具有不同结构参数的 Al_2O_3-Mo 层状复合材料低很多[111]。

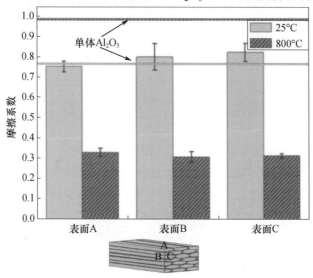

图 4.18 Al_2O_3-Mo 纤维独石陶瓷和单体 Al_2O_3 在 25℃和 800℃的平均摩擦系数

观察表面磨痕发现,室温下表面磨痕是伴随大量碎屑的严重磨损和粗糙峰形貌,表明脆性微断裂是其主要的磨损机理。与室温下的表面相比,800℃时的磨痕更加平滑,没有明显的磨屑,并且由于塑性变形,在表面形成了连续的润滑膜。摩擦试验后,室温下磨损表面的 XRD 图谱表明覆盖有 α-Al_2O_3 和金属 Mo;而 800℃下的磨损表面覆盖有 α-Al_2O_3、MoO_3、$MoO_{2.8}$ 和少量金属 Mo。表明在滑动过程中钼的氧化是降低摩擦系数的重要因素,这与上述结果一致。

Al_2O_3 比其他陶瓷的断裂韧性更低。最近,研究人员报道,添加第二相颗粒(如板晶、晶须和纤维)可以改善其断裂韧性[114-116],分散添加纳米尺寸的第二相材料可以同时提高其断裂韧性和弯曲强度[117, 118]。已经证明使用四方晶相结构的 ZrO_2(t-ZrO_2)可以改善 Al_2O_3 陶瓷的力学性能,从而生产出一种称为氧化锆增韧氧化铝的陶瓷(ZTA)[119]。ZTA 的增韧机理是基于应力诱发的马氏体相变和微裂纹增韧原理,其断裂韧性和弯曲强度分别为 $7MPa \cdot m^{1/2}$ 和 $910MPa$[120]。

目前,已有对于含 CaF_2 和 BaF_2 等氟化物的自润滑 Al_2O_3-ZrO_2 复合材料的摩擦学性能的研究。该复合材料使用脉冲电流烧结技术(PECS)制造,原料由氧化铝(α-Al_2O_3,AKP53,Sumitomo Chemical Ltd. Co.,日本),3% 摩尔数的氧化钇稳定的氧化锆(ZrO_2,TZ-3Y-E,Tosoh Corporation,日本),氟化钙(CaF_2,High Purity Chemicals,日本)和氟化钡(BaF_2,High Purity Chemicals,日本)组成。ZrO_2 质量分数设定为15%,氟化物质量分数分别设定为1%、3% 和 10%[121],复合材料的摩擦系数和磨损率分别如图 4.19 和图 4.20 所示。含固体润滑剂的 Al_2O_3-ZrO_2 复合材料的摩擦系数低于 Al_2O_3-ZrO_2 复合材料基体。当滑动时间增加时,摩擦系数从 0.5 降低到 0.35。同时,除了含有 3% CaF_2 试样的摩擦系数值约为 0.25 外,其余含 CaF_2 的 Al_2O_3-ZrO_2 复合材料的摩擦系数在 0.3 ~ 0.5 的范围内基本保持恒定。相比之下,含 BaF_2 的 Al_2O_3-ZrO_2 复合材料的摩擦系数随滑动时间变化。当滑动时间增加时,摩擦系数又随着 BaF_2 含量的不同,呈现出两种不同的变化规律:含有低比例(1% 和 3%) BaF_2 的复合材料的摩擦系数略有增加,而含有高比例(5% 和 10%) BaF_2 的复合材料的摩擦系数也大大降低。

图 4.20 显示了 Al_2O_3-ZrO_2 复合材料的磨损率与固体润滑剂含量的关系。含固体润滑剂的 Al_2O_3-ZrO_2 复合材料的磨损率低于 Al_2O_3-ZrO_2 复合材料基体的磨损率。随着 CaF_2 含量的增加,Al_2O_3-ZrO_2 复合材料的磨损率在 0.25×10^{-6} $mm^3/(m \cdot N)$ 和 $0.40 \times 10^{-6} mm^3/(m \cdot N)$ 之间保持恒定,低于其他复合材料。而含 BaF_2 的 Al_2O_3-ZrO_2 复合材料的磨损率,随着 BaF_2 含量的增加从 0.36×10^{-6} $mm^3/(m \cdot N)$ 增加到 $45.05 \times 10^{-6} mm^3/(m \cdot N)$。当 BaF_2 的含量高于5% 时,复合材料的磨损率显著升高。

此外,含 BaF_2 的 Al_2O_3-ZrO_2 复合材料的磨损率与初始摩擦系数密切相关。低比例(1% 和 3%) BaF_2 的复合材料的初始摩擦系数约为 0.33 ~ 0.34;而高比例(5% 和 10%) BaF_2 的复合材料的初始摩擦系数约为 0.47 ~ 0.51。而稳态摩擦系数均近似在 0.33 ~ 0.38 范围内,可知含 BaF_2 复合材料的磨损率与材料的摩擦系数密切相关,初始摩擦系数与表面存在的裂缝或微裂纹有关。含有 10% BaF_2 的 Al_2O_3-ZrO_2 复合材料表现出高磨损率,是由于长时间工作于较高的初始摩擦系数下而产生的。而含有 5% BaF_2 的 Al_2O_3-ZrO_2 复合材料的磨损率低于含有 10% BaF_2 的复合材料,且随着滑动时间的增加,摩擦系数逐渐降低。

在复合材料的磨损表面以及一些孔隙中可观察到细小的磨损碎屑。含 CaF_2 的 Al_2O_3-ZrO_2 复合材料,磨损表面光滑,摩擦系数和磨损率很低。相比之下,含 BaF_2 的 Al_2O_3-ZrO_2 复合材料的表面粗糙度随着 BaF_2 含量的增加而增大。

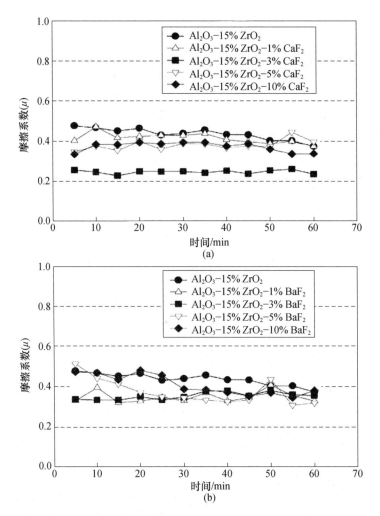

图 4.19 含有不同固体润滑剂的 Al_2O_3-15% ZrO_2 复合材料的摩擦系数
(摘自:Kim, S. -H. and Lee, S. W., *Ceram. Inter.*, 40, 779-790, 2014)
(a) CaF_2; (b) BaF_2。

随着 BaF_2 的增加,磨损表面上的微裂纹数量也相应增加。低质量分数 BaF_2 的复合材料(1% 和 3% BaF_2)的磨损表面表现出与含 CaF_2 复合材料相似的形貌,可观察到细小的磨损碎屑,其表面光滑,故磨损率和摩擦系数均较低。

由于 Al_2O_3-TiC 复合材料具有较高的硬度和强度[122,123],Al_2O_3-TiC-CaF_2 复合材料具有良好的摩擦学性能[124],由此提出了 Al_2O_3-TiC/Al_2O_3-TiC-CaF_2 层状自润滑陶瓷基复合材料,并研究了其干摩擦条件下的力学性和摩擦磨损性

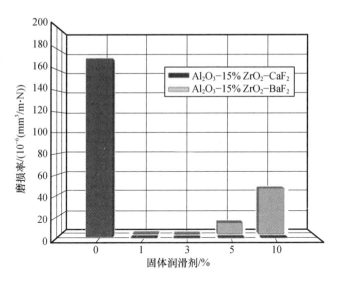

图 4.20 含有不同固体润滑剂的 Al_2O_3–15% ZrO_2 复合材料的磨损率
(摘自:Kim, S. -H. and Lee, S. W., *Ceram. Inter.*, 40, 779–790, 2014)

能。用于制造层状陶瓷复合材料的主要成分是 Al_2O_3、TiC、CaF_2、Mo 和 Ni 粉末。其中高纯度 α-Al_2O_3 粉和高纯度 TiC 粉的平均粒径均为 0.5μm,密度分别为 3.99g/cm^3 和 4.25g/cm^3。CaF_2 粉末的纯度大于 98.5%,密度为 3.18g/cm^3。Mo 粉末和 Ni 粉末的纯度大于 99%[124]。

图 4.21(a)和(b)分别说明了载荷对 Al_2O_3-TiC/Al_2O_3-TiC-CaF_2 层状自润滑陶瓷基复合材料摩擦系数和磨损率的影响。图 4.21(a)和(b)表明,当转速为 100r/min,且载荷(50~150N)较小时,摩擦系数和磨损率两者都较大。当载荷为 250N 时,摩擦系数降至 0.46,相应的磨损率也随之降低。显然,一定转速下,摩擦系数和磨损率随着负荷的增加呈下降趋势。在相同转速下,负载较小时,接触表面的微小硬颗粒或微凸峰对摩擦过程具有不利影响。这些微小颗粒类似于淬火 45 号钢材料的切削刀刃,导致摩擦副的磨损质量增加,这就是在较小载荷下会产生高摩擦系数和高磨损率的原因。随着转速的增加,摩擦表面温度升高,摩擦副接触区产生塑性变形,从而改善了摩擦条件,降低了摩擦系数和磨损率。此外,温度升高引起 Al_2O_3-TiC-CaF_2 层的润滑效果增强,对摩擦系数降低起到一定作用。

图 4.21(c)和(d)说明了当载荷为 200N 时,转速对 Al_2O_3-TiC/Al_2O_3-TiC-CaF_2 层状自润滑陶瓷基复合材料摩擦系数和磨损率的影响。表明摩擦系数和磨损率随着转速的升高而降低。当转速为 50r/min 时,复合材料的摩擦系数和磨损率较高。此外,当转速为 150r/min 时,相应复合材料的摩擦系数和磨损率降

至 0.44 和 $1.91 \times 10^{-8} cm^3/(N \cdot m)$。原因为：在相同负载下，速度较低时摩擦表面温度不足以使 CaF_2 颗粒从脆性状态变为塑性状态，CaF_2 颗粒难以从基质中分离出来并黏附在摩擦表面上，因此不能形成完整的润滑膜；当速度增加时，接触区域处于高温和高压条件，达到 CaF_2 颗粒转变为塑性状态的必要条件；同时，由于热膨胀系数较高，CaF_2 颗粒被挤出基质材料，再加上摩擦过程中的拖曳效应，固体润滑剂 CaF_2 颗粒被拖曳并覆盖在摩擦表面，形成摩擦膜，改善了摩擦磨损条件。因此，高转速下的摩擦系数和磨损率均小于低转速时的摩擦系数和磨损率。

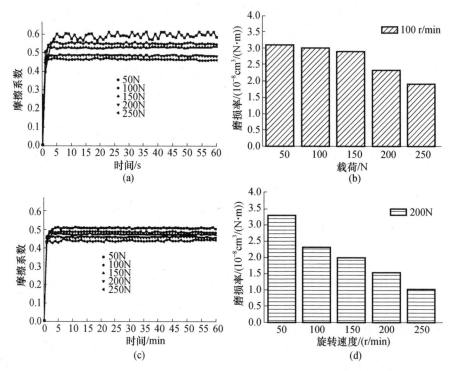

图 4.21 载荷和滑动速度对 Al_2O_3-TiC/Al_2O_3-TiC-CaF_2 复合材料摩擦学性能的影响
（摘自：SONG Peilong et al. *Journal of Wuhan University of Technology – Mater. Sci. Ed.*, 29(5), 906–911, 2014）
(a)载荷对摩擦系数的影响；(b)载荷对磨损率的影响；(c)旋转速度对摩擦系数的影响；
(d)旋转速度对磨损率的影响。

4.3.2 氮化铝陶瓷基自润滑复合材料

尽管非常规陶瓷切削刀具的制造技术已取得较大进步，但金属切削仍然在日常使用的机器、产品、设备和商品的生产中起主要作用。陶瓷切削刀具可以用于粗加工和精加工,可进行硬态切削,具有生产效率高,光洁度好的优点。Xiang等人[125]报道采用SPS技术在1560℃、30MPa单轴载荷下耗时4min制备了由AlN(64%)、TiB_2(30%)和添加剂Y_2O_3(6%)组成的复合材料,具有接近13.5GPa的硬度和4.8MPa·$m^{1/2}$的断裂韧性。

4.4 钛基陶瓷自润滑复合材料

由于TiAl基金属化合物具有低密度、高比强度、高弹性模量保持率和高熔点,以及高温下优异的抗氧化性和环境稳定性等显著特性,被广泛用作高温结构和发动机材料[126-130],也被认为是潜在的高温自润滑合金基体材料[132,133]。近年来,TiAl涡轮增压器的涡轮叶片已用于商品汽车[126],其他TiAl材料产品,如低压涡轮叶片、转角梁、过渡梁等,也达到了工程应用的技术水平[129]。然而,由于TiAl室温下的延展性差和高温下的蠕变阻力低,严重阻碍了其应用[131]。TiAl基金属化合物的许多潜在应用中,均具有与材料摩擦和磨损有关的滑动接触运动,因此研究其在滑动条件下的摩擦学行为是至关重要的。

Li等人[134]研究了TiAl金属化合物与Al_2O_3、Si_3N_4和WC-Co陶瓷与钢对摩时的滑动磨损行为,发现TiAl的滑动磨损性能很大程度上取决于对偶配副材料。Cheng等人[135]研究了TiB_2对TiAl金属化合物滑动干摩擦性能的影响,观察到复合材料耐磨性显著增加,但摩擦系数与添加TiB_2无关。此外,几项研究显示,TiAl的摩擦学性能较差,限制了其进一步的应用[136,137]。因此,添加有效的固体润滑剂制备TiAl基复合材料,使其在宽温域内具有良好摩擦学行为,是最佳的解决方案。

Cheng等人[138]通过液体石蜡润滑,研究了Ti-46Al-2Cr-2Nb合金与AISI 52100钢球配副在不同载荷和滑动速度下的摩擦学行为。而对于TiAl金属化合物材料在高温下的摩擦学行为,研究较少。文献[139]研究了Ti-48Al-2Cr-2Nb合金在室温至600℃空气中的微动磨损行为。文献[138,140]研究了Ti-46Al-2Cr-2Nb合金与Si_3N_4陶瓷球对摩时的摩擦学行为,其恒定速度为0.188m/s,施加载荷为10N,温度为20~900℃。对于TiAl基金属化合物材料的高温摩擦学行为,需要进一步加以研究。

由于层状类碳三元化合物Ti_3SiC_2的特性显著,从而引起了全世界关注。Ti_3SiC_2不仅具有金属的性能,如良好的导热性、导电性、高弹性模量和高切模量、易加工性和高温塑性,还具有陶瓷的性能,如高屈服强度、高熔点和强热稳定性[141-145]。已有许多关于Ti_3SiC_2摩擦学行为的研究,表明其具有良好的摩擦学性能[146-148]。因此,Ti_3SiC_2可作为理想的高温陶瓷结构材料和新型高温固体润滑剂材料。

目前,有关 Ti_3SiC_2 作为复合材料中的高温固体润滑剂的报道非常罕见,尤其是用于 TiAl 基复合材料中。因此,探索 TiAl 基复合材料中 Ti_3SiC_2 的高温润滑机理具有重要意义。Ti_3SiC_2 结合了陶瓷和金属的诸多优异性能[49],其结构与石墨和 MoS_2 相似,为六边形结构,空间群为 P63/mmc;此外,它与石墨一样易于加工,并具有优异的热稳定性。

Ti_3SiC_2 良好的摩擦学性能可归因于 Ti_3SiC_2 表面形成的氧化物润滑膜[149]。Gupta 等人[150]发现,在 550℃ 空气中测试时,Ti_3SiC_2 与 Al_2O_3 配副的滑动摩擦系数最低为 0.4。Ti_3SiC_2 的优越之处不仅仅在于其润滑性,Ti_3SiC_2 中以杂质形式分布的高硬度 TiC 颗粒还可以强化基体,赋予基体材料高硬度,从而极大地提高基体抗磨粒磨损和抗黏附磨损的能力[63]。

一项研究测试了从室温到 800℃,采用 SPS 原位技术制备的 Ti_3SiC_2-TiAl 复合材料(TTC)与 Si_3N_4 陶瓷球对摩时的摩擦磨损性能[151]。图 4.22(a) 和 (b) 显示了 TiAl 基合金(TA)和 TTC 的摩擦系数与磨损率随温度的变化趋势。很明显,TA 和 TTC 的摩擦系数和磨损率随温度的变化趋势是相同的。摩擦系数和磨损率首先随着温度的升高而增加,并在温度为 400℃ 时达到最高点,然后随着测试温度升高到 800℃ 而降低到最低值。此外,可以观察到 TTC 的摩擦系数和磨损率与 TA 在 25~400℃ 下的摩擦系数和磨损率相当。当温度超过 400℃ 时,TTC 和 TA 之间的摩擦系数和磨损率的差距明显增大。其原因在于 Ti_3SiC_2 是高温润滑剂,在 600℃ 和 800℃ 的高温下才能对于减摩和抗磨性能起主导作用。如图 4.22(a)所示,TA 和 TTC 在 25~400℃ 测试温度间的摩擦系数在 0.44~0.52 范围内变化。添加 Ti_3SiC_2 润滑剂后,观察到 TTC 的摩擦系数在 800℃ 时从 0.46 显著降低至 0.34。同时,从图 4.22(b)可清晰观察到,TA 和 TTC 在 25~400℃ 的相同测试温度下的磨损率是相当的。在 600℃ 和 800℃ 高温时,TA 通过添加 Ti_3SiC_2 润滑剂成为 TTC 复合材料,其磨损率分别从 3.42×10^{-4} $mm^3/(N \cdot m)$ 降至 1.21×10^{-4} $mm^3/(N \cdot m)$,以及从 2.65×10^{-4} $mm^3/(N \cdot m)$ 降至 0.85×10^{-4} $mm^3/(N \cdot m)$。

从上述分析可知,与 TA 相比,TTC 仅在 600℃ 和 800℃ 的高温下表现出优异的摩擦学性能。表明 Ti_3SiC_2 实际上可以作为 TTC 中理想的高温固体润滑剂,但在 25~400℃ 时不起润滑作用。由此需要着重分析和讨论 Ti_3SiC_2 的润滑机理,研究影响 TTC 高温摩擦学行为的因素。

从 TA 和 TTC 磨损表面形貌的电子探针微分析仪(EPMA)结果可观察到二者磨损表面的不同。在 TA 磨损表面上,有一些宽而浅的凹槽,局部覆盖着致密的摩擦转移膜。磨损表面($Ra = 1.943 \mu m$)上的元素成分表明,压实的摩擦膜主

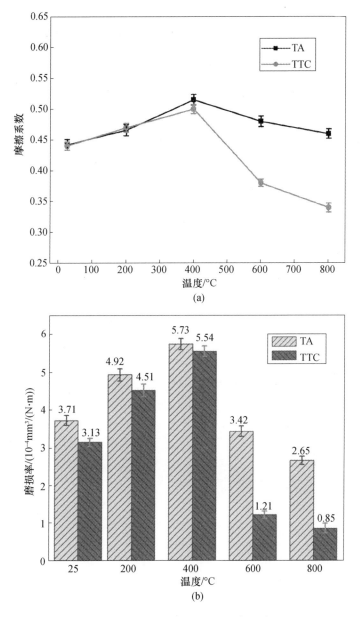

图 4.22 TA 和 TTC 随温度变化的摩擦学性能
(摘自:Xu, Z. et al., *J. Mater. Engi. Perform.*, 23, 2255–2264, 2014)
(a)摩擦系数;(b)磨损率。

要由 Al–Ti 的氧化物组成。而在 TTC 的磨损表面上覆盖着致密光滑的摩擦膜($Ra=0.733\mu m$),没有出现在 TA 磨损表面的凹槽。此外,与 TA 磨损表面的观察结果相比，TTC 的摩擦膜的覆盖范围更大，并且在光滑表面的一些局部区域覆盖着松散的闪亮磨损碎片。EDX 分析表明，致密的摩擦膜富含氧化物，主要由 Al-Ti-Si 的氧化物组成，而磨屑也主要由 Al-Ti-Si 的氧化物组成。因为 X 射线可轻易地穿透摩擦膜并到达基质表面，所以在磨损表面上直接获得摩擦膜的 XRD 图谱是非常困难的。

为了进一步识别 TTC 磨损表面上摩擦膜的成分信息，研究中又使用了 XPS 分析。根据 XPS 结果，可以检测到 TiO_2、SiO_2 和 Al_2O_3 的峰值。Si 氧化物的存在意味着 Ti_3SiC_2 在摩擦过程中已经分解和氧化。TTC 磨损表面上形成的摩擦膜主要由 Al-Ti-Si 的氧化物组成，减少了 $TTC-Si_3N_4$ 的接触，并降低了界面处的剪切强度，从而缩小了由犁削运动产生的摩擦力，进而降低了磨损率和摩擦系数。这应该是 TTC 在 600℃ 时如图 4.22(a) 和 (b) 所示摩擦系数和磨损率较低的原因。

BaF_2/CaF_2 共晶（BaF_2 与 38% CaF_2）具有较宽的工作温度范围，可在 400℃ 以上有效润滑，已被广泛用于诸多耐磨基体的润滑[152,153]。在约 400℃ 时，氟化物共晶经历脆性到韧性转变，导致剪切强度降低，润滑性增加[45]。为了适应宽温度范围，扩大 TiAl 金属化合物基复合材料的应用范围，达到良好的润滑效果，采用 SPS 原位技术制备了 TiAl 基自润滑复合材料（TMSC），含有 Ag、Ti_3SiC_2 和 BaF_2/CaF_2 共晶（ATBC）成分，其质量比为 1:1:1[154]。添加不同 ATBC 含量的复合材料样品的成分、硬度和密度如表 4.2 所列。图 4.23 显示了其在 10N-0.234m/s 的摩擦条件下，在室温至 600℃ 的宽温度范围内摩擦系数的变化。

表 4.2　几种 TiAl 基自润滑复合材料（TMSC）的成分、显微硬度和密度

样品	组成成分/%	硬度/(HV1)	密度/(g/mm³)	相对密度/%
TA	TiAl	557±33	3.85±0.02	98.7
TB	TiAlD3Ag-3Ti_3SiC_2-3BaF_2/CaF_2共晶	609±26	3.95±0.02	99.2
TC	TiAl-5Ag-5Ti_3SiC_2-5BaF_2/CaF_2共晶	595±23	4.00±0.02	99.5
TD	TiAl-7Ag-7Ti_3SiC_2-7BaF_2/CaF_2共晶	531±45	3.98±0.02	98

分析结果发现，TA、TB、TC 和 TD 的摩擦系数几乎具有相似的变化趋势。从室温到 200℃，摩擦系数先增加，然后随着温度的升高逐渐减小。TA、TB、TC 和 TD 在 200℃ 时摩擦系数最大，分别为 0.71、0.45、0.48 和 0.49；在 600℃ 时达到最小值，分别为 0.43、0.33、0.37 和 0.39。从室温到 600℃，TA 的摩擦系数是四个样品中最高的，并且在 200℃ 时达到其最大值，而在 600℃ 时达到其最小值。在室温下，TC 在四个样品中的摩擦系数最小，约为 0.36，而在 200℃、400℃ 和 600℃ 下，四个样品中 TB 的摩擦系数最低，分别为 0.45、0.38、0.33。

图 4.24 显示了添加不同 ATBC 含量的 TMSC 测试后磨损率随温度的变化

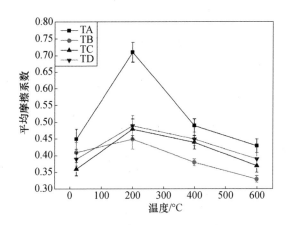

图 4.23 添加不同 ATBC 含量的 TMSC 的摩擦系数随温度的变化情况(其中 TMSC 是 TiAl 基自润滑复合材料,ATBC 是含有 Ag、Ti_3SiC_2 和 BaF_2/CaF_2 的 共晶成分)(摘自:Shi, X. et al., *Mater. Des.*, 53, 620 – 633, 2014)

关系。可知,添加不同 ATBC 含量的 TMSC 的磨损率随温度的升高呈现出不同的变化趋势。TiAl(TA)在 200℃时的磨损率高于室温,然后随温度的升高逐渐减小,直到 600℃时达到最低值 $4.4 \times 10^{-4} mm^3/(N \cdot m)$。TB 的磨损率随温度的升高而增加,直至 400℃时达到最大值 $3.64 \times 10^{-4} mm^3/(N \cdot m)$,然后在 600℃时降至 $3.26 \times 10^{-4} mm^3/(N \cdot m)$。TC 在 200℃时的磨损率最低,然后随温度升高逐渐增加,直到 600℃时达到 $3.82 \times 10^{-4} mm^3/(N \cdot m)$ 的较低值。在 600℃时,TD 的磨损率从室温下的 $5.21 \times 10^{-4} mm^3/(N \cdot m)$ 减小至 $4.0 \times 10^{-4} mm^3/(N \cdot m)$。

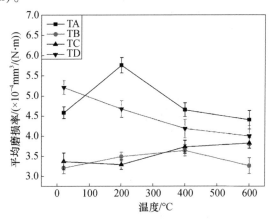

图 4.24 在不同温度下,添加不同含量 ATBC 的 TiAl 基自润滑复合材料的磨损率 (摘自 Shi, X. et al., *Mater. Des.*, 53, 620 – 633, 2014)

室温下,在 TA 磨损表面上发现了大量磨损颗粒和一些凹坑,如图 4.25(a)所示,表明其磨损机理是典型的磨粒磨损。如图 4.25(b)所示,在 200℃时出现粗大、较深的平行沟槽,此外,还发现了一些剥落凹坑,表明其磨损机理主要是微切割和犁沟磨损。在 400℃时,不仅有大量的磨损颗粒和一些凹坑,而且在磨损表面上还发现了粗大、较深的平行沟槽,如图 4.25(c)所示。当温度升高到 600℃时,TA 的磨损表面覆盖一层深度撕裂的摩擦膜,如图 4.25(d)所示,并且在变形的表面上也可观察到严重的材料剥落。结果表明,当温度达到 400℃和 600℃时,磨损表面由大量的 TiO_2 和 Al_2O_3 组成,对摩擦造成不利影响。此外,氧化物的存在可能由粗糙峰接触处的金属氧化导致,并且在单次循环中这种氧化程度取决于粗糙峰接触处产生的温度。

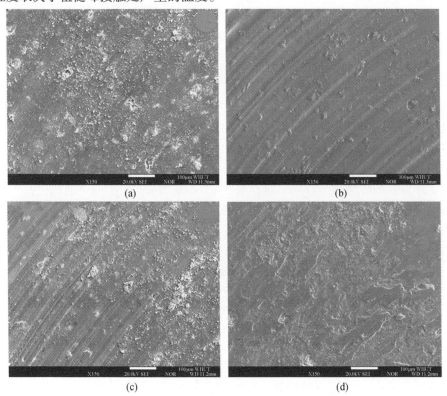

图 4.25 在室温至 600℃范围内,TA 摩擦表面形态的电子探针分析结果
(摘自:Shi, X. et al., *Mater. Des.*, 53, 620-633, 2014)
(a)室温;(b)200℃;(c)400℃;(d)600℃。

对于 TB($TiAl-3Ag-3Ti_3SiC_2-3BaF_2/CaF_2$),在室温至 400℃的测试温度下,磨损表面形态几乎与 TA 相似。在室温下,图 4.26(a)所示的磨损表面上可观察到细小、较浅的平行凹槽和一些剥落凹坑。随着测试温度升高,磨损表面变得更加平滑,但与室温相比,出现了更粗糙和深度更大的平行凹槽,如图 4.26(b) 和 (c)所示。同时,还可发现一些剥落凹坑。此外,当测试温度达到 400℃ 时,TB 表面似乎存在摩擦薄膜,这意味着在室温至 400℃ 温度下其主要的磨损机理是犁沟和剥落。当温度达到 600℃ 时,如图 4.26(d)所示,TB 表面比 TA 表面更加致密,在变形的表面上也可以观察到严重的材料剥落。

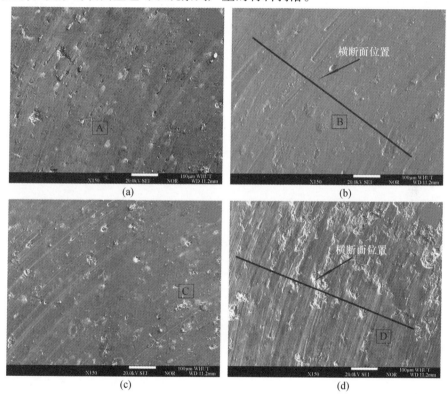

图 4.26 在室温至 600℃ 的宽温度范围内,TB 摩擦表面形态的电子探针分析结果
(摘自:X. et al., *Mater. Des.*, 53, 620-633, 2014)
(a)室温;(b)200℃;(c)400℃;(d)600℃。

对于 TC(TiAl-5Ag-5Ti$_3$SiC$_2$-5BaF$_2$/CaF$_2$),可见其在室温至 600℃ 的测试温度下,磨损表面形态几乎与 TB 相似。在室温到 400℃ 的温度下,磨损表面上有凹槽、磨屑和剥落坑,如图 4.27(a)~(c)所示,这意味着主要的磨损机理是犁沟和剥落。随着温度升高到 600℃,磨损轨迹显示,除了更粗糙的表面之外,还形成了不连续的光滑岛状(片状)薄膜,如图 4.27(d)所示,表明此时的磨损机理主要是表面变形,也是润滑剂对摩擦和磨损行为的影响。从室温到 400℃ 范围内 TC 摩擦系数较低的主要原因是由于 Ag 元素的存在。EDX 结果表明也存在 C、O、F、Al、Si、Ca、Ti 和 Ba 元素。如图 4.23 所示，即使超过 400℃，当 Ag 的润滑效果开始减弱时，TC 的摩擦系数也会降低，这可归因于 BaF_2/CaF_2 共晶和 Ti_3SiC_2 的减摩作用，使其具有较宽工作温度范围，并可在 400℃ 以上提供有效润滑。

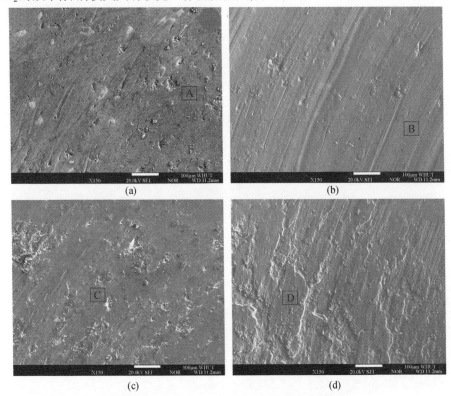

图 4.27　在室温至 600℃ 宽温度范围内，TC 摩擦表面形态的电子探针分析结果
（摘自：X. et al., *Mater. Des.*, 53, 620 - 633, 2014）
(a)室温；(b)200℃；(c)400℃；(d)600℃。

对于 TD($TiAl-7Ag-7Ti_3SiC_2-7BaF_2/CaF_2$)，在室温至 200℃ 的温度下，磨损表面上有较深的平行凹槽和剥落凹坑，如图 4.28(a) 和 (b) 所示。主要的磨损机理是犁沟和剥落。在温度为 400~600℃ 时，与室温和 200℃ 相比，图 4.28(c) 和 (d) 所示的磨损表面变得更加平滑。此外，在磨损表面上似乎存在薄膜，还有大量的剥离坑，这意味着主要的磨损机理是微切削和表面剥离的复合作用。元素成分主要是 C、O、F、Al、Si、Ti、Ag、Cr 和 Nb。此外，在 400℃ 时，也可发现 Ba 和 Ca 元素。结果表明，在室温至 600℃ 的温度范围内，Ag、Ti_3SiC_2 和 BaF_2/CaF_2 共晶润滑剂在滑动摩擦试验过程中起到润滑接触界面的作用。

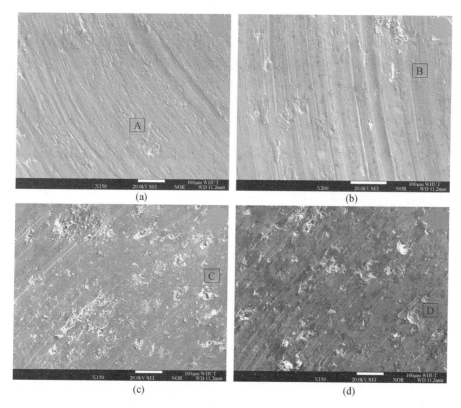

图 4.28　在室温至 600℃ 的宽温度范围内，TD 摩擦表面形态的电子探针分析结果
（摘自：X. et al. , *Mater. Des.* , 53，620-633，2014）
(a)室温；(b)200℃；(c)400℃；(d)600℃。

4.5　氮化硅陶瓷基自润滑复合材料

因为 Si_3N_4 陶瓷具有很高的硬度，在宽温度范围内又具有优异的化学和机械稳定性、低密度、低热膨胀和高比刚度，是特定应用条件下传统材料的理想替代品[155]。固体润滑剂的加入能进一步提高 Si_3N_4 的摩擦学性能[20, 156-160]。已发表的论文表明，铯化合物可以作为 Si_3N_4 陶瓷的高温润滑剂。从室温到 750℃，铯化合物能为 Si_3N_4 提供有效的润滑，特别是在 600℃ 下，摩擦系数平均值为 0.03。铯化合物、Na_2SiO_3 以及与 Si_3N_4 表面之间发生的协同化学反应，能显著提高材料的摩擦性能。

此外，与大多数陶瓷材料一样，Si_3N_4 陶瓷的可加工性极差[161]。众所周知，h-BN 具有低硬度和低摩擦系数[162]，具有类似于石墨的层状结构，以及优异的可加工性。为了提高室温和高温下 Si_3N_4 陶瓷的可加工性、断裂韧性和摩擦学性能,许多研究人员将 h-BN 颗粒作为第二相分散体引入 Si_3N_4 基质[20,163-166]。在 Si_3N_4-BN 复合陶瓷中,BN 层状结构颗粒的解理行为赋予材料良好的可加工性和优异的抗热冲击性[167]。

在1700℃下,热等静压3h制备了含有质量分数1%~5%的 h-BN(微米或纳米尺寸)的氮化硅材料,并研究了 h-BN 含量对材料微观结构、力学性能和摩擦学性能的影响。结果表明,氮化硅和 h-BN 均显示出相对较低的摩擦系数和磨损率,h-BN 作为固体润滑剂仅在相对高的湿度下才具有良好的性能[168]。据报道,在室温下,氧化物或水合层(H_3BO_3 和 $BN(H_2O)_x$)的形成对 Si_3N_4-BN 复合材料的摩擦学性能有益,相对于基质材料,将磨损率降低了一个数量级达到 $k = 10^{-6}$ $mm^3/N \cdot m$[156]。也有报道称,h-BN 的摩擦学性能受基面滑移或摩擦产物如 B_2O_3 的影响[169]。

为了探索固体润滑剂尺寸的影响,制备了两种类型的材料:第一种是微米 Si_3N_4 颗粒与微米 h-BN 颗粒(Si_3N_4-BN 微米/微米复合材料)混合样品;第二种类型是微米 Si_3N_4 颗粒与纳米尺寸的 h-BN 颗粒(Si_3N_4-BN 微米/纳米复合材料)混合样品[99]。

图4.29测试了几种 Si_3N_4-BN 复合材料与 Si_3N_4 陶瓷球对摩时的平均摩擦系数。复合材料的摩擦系数与 Si_3N_4 参考试样相近(单一 Si_3N_4 材料的摩擦系数约为0.7),也与其他研究结果一致。可知,不同的氮化硼使用量(质量分数1%、3%和5%),使复合材料摩擦系数基本保持不变。Si_3N_4-BN 微米/纳米复合材料的摩擦系数在0.64~0.73之间变化,Si_3N_4-BN 微米/微米复合材料的摩擦系数在0.69~0.74之间。理论上,h-BN 具有较低摩擦系数和润滑作用,Si_3N_4-h-BN 陶瓷复合材料的摩擦系数应随着 BN 含量的增加而降低,但在目前研究中,没有观察到明显的减摩效果。

文献[162]证实,添加量高于10%体积分数的 BN,降低了 Si_3N_4-BN 的摩擦系数。文献[170]的研究表明,Si_3N_4 中加入 h-BN 导致复合材料摩擦系数从 Si_3N_4 与不锈钢配副时的0.95降低到 Si_3N_4-30% h-BN 与不锈钢配副时的0.03。Skopp 和 Woydt[163]研究了 Si_3N_4-BN 复合材料在无润滑滑动条件下的摩擦学性能,其结果显示 Si_3N_4 的摩擦系数在0.4~0.9之间,当 h-BN 的质量分数增加至20%时,摩擦系在室温下降至0.1~0.3之间。Carrapichano 等人[20]还报道了添加10%体积分数 h-BN,可使 Si_3N_4 的摩擦系数从0.82轻微降低到0.67。另一份报告表明,将 h-BN 加入 Si_3N_4,当其质量分数低于30%时摩擦系数没有降低[171]。

对于所有实验材料,磨损率均低于单一 Si_3N_4 材料(图4.29)。与单一 Si_3N_4

材料的磨损率(1.6×10^{-5} mm³/(N·m))相比,Si_3N_4-BN 微米/微米复合材料的磨损率低了一个数量级($3.5 \times 10^{-6} \sim 6.7 \times 10^{-6}$ mm³/(N·m)),表明 BN 颗粒较大时,材料的耐磨性较好。耐磨性最低的材料是通过第一种方法(SNB-nB)制备的含有 5% 质量分数纳米 BN 颗粒的材料,其磨损率接近单一 Si_3N_4 材料的磨损率。从图 4.29 可以清楚地观察到,BN 对摩擦的正面影响,仅在于向 Si_3N_4 中添加低含量的 BN(质量分数少于 5%),此时耐磨性增加。在含质量分数 5% 的 BN 颗粒时,复合材料磨损率缓慢增大。当前结果与其他研究一致[20],当 BN 体积分数大于 10% 时,磨损率明显增加。

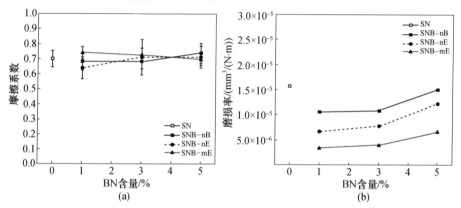

图 4.29 h-BN 含量对 Si_3N_4-BN 复合材料摩擦学性能的影响
(a)摩擦系数;(b)磨损率。(SNB-nB:在研磨开始时添加纳米 BN;
SNB-nE:在研磨结束时添加纳米 BN;SNB-mE:在研磨结束时添加微米 BN)

一项研究也表明,添加 BN 对摩擦系数和磨损率没有影响[168]。在这种情况下,报道称氮化硼在室温下无法提供固体润滑膜。另外,文献[170]报道,随着 h-BN 体积分数的增加,磨损率急剧下降,例如,对于 Si_3N_4-20% h-BN,磨损率低于 10^{-6} mm³/N·m。

复合材料的磨损表面如图 4.30 所示。图 4.30(a)和(b)显示了 SNB5-nB 材料窄而光滑的磨损轨迹,伴随一些微小划痕。在微米/微米复合材料(SNB5-mE,图 4.30(d)和(e))的磨损轨迹中,观察到大量碎片。该项研究中的主要磨损机理与大多数材料类型的研究相似,均为机械破坏(微裂纹)和摩擦化学反应。在超过临界载荷时,材料表面通过摩擦化学反应形成薄膜,这种薄膜有保护磨损表面的作用。当摩擦化学薄膜被部分移除时,会导致局部区域产生不连续的微裂纹。

磨损轨迹的 EDX 分析表明(图 4.30(c)和(f)),附着层含有大量的氧元素。因此摩擦化学反应可能是由于湿度的影响,氮化硅和碳化硅与空气中的氧反应形成 SiO_2 水合物层[172,173]。此外,接触高温也可能导致氧化的发生。然而,碎片

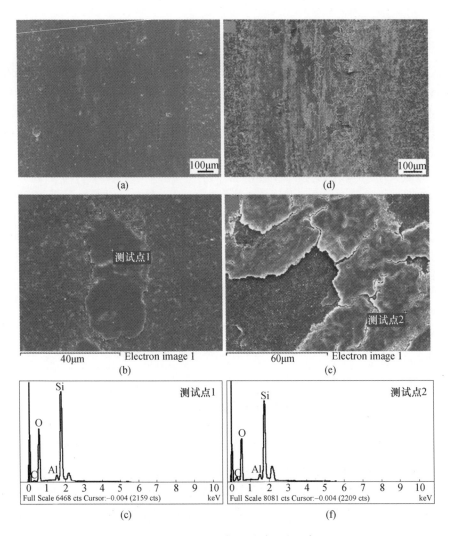

图 4.30 Si_3N_4/BN 复合材料的磨损表面

(摘自:Kovalčíková, A. et al., *J. Euro. Ceram. Soc.*, 34, 3319-3328, 2014)

(a)和(b)SNB5-nB 的磨损轨迹;(c)SNB5-nB 磨损表面的 EDX 分析;(d)和(e)SNB5-mE 的磨损轨迹;(f)SNB5-mE 磨损表面的 EDX 分析。EDX 分析清楚地指示出碎片层富氧元素。

层的氧含量应主要归因于湿度驱动的摩擦化学反应,而非高温氧化。

Skopp 等人研究得出结论,由于在磨损表面上形成 BN 或 $BN(H_2O)_x$,因此加入 BN 的 Si_3N_4 仅在潮湿空气中,且低于 100℃ 的温度下具有减摩作用。Erdemir 等人[174]认为含硼表面上形成的自润滑硼酸薄膜(H_3BO_3)具有非常低的摩擦系数。随着温度升高,$BN(H_2O)_x$ 和(H_3BO_3)的润滑层通过水分的蒸发,或在高于150℃时的热分解而被破坏。因此,Si_3N_4-BN复合材料摩擦系数的降低是由于BN水合提供原位润滑导致的。Gangopadhyay等人[6]报道了由于转移膜的形成受限,BN无法润滑氧化铝或氮化硅的现象。在其研究中,由于未在磨损表面上形成水合层,因此制备的复合材料的摩擦系数接近单一氮化硅材料的摩擦系数。

然而,当向氮化硅基质中加入少量BN(质量分数5%)时,能够提高耐磨性。与单一氮化硅材料相比,这种提高可能与Si_3N_4-BN微米/微米复合材料断裂韧性较高有关。总之,对于使用不同质量分数(1%、3%或5%)BN添加剂的样本类型,未观察到摩擦系数的降低。尽管BN相不参与润滑过程,但引入BN确实使耐磨性更好。对于添加1%微米尺寸BN的材料,其磨损率相对单一氮化硅材料最多降低78%。所有研究中材料的主要磨损机理是相同的,均为机械磨损(微裂纹)和摩擦化学反应。

4.6 氧化锆陶瓷基自润滑复合材料

氧化锆陶瓷是许多工程应用,尤其是高温应用的候选材料。由钇稳定的四方氧化锆多晶体具有良好的断裂韧性和弯曲强度,这与四方$ZrO_2(Y_2O_3)$的应力诱导相变产生的单斜对称晶系结构有关。然而,氧化锆陶瓷在滑动干摩擦时的摩擦系数非常高,不能直接用于工业领域。因此,研究和开发$ZrO_2(Y_2O_3)$基高温自润滑复合材料是十分必要的。

据报道,石墨、MoS_2、BaF_2、CaF_2、Ag、Ag_2O、Cu_2O、$BaCrO_4$、$BaSO_4$、$SrSO_4$和$CaSiO_3$等添加剂分别被加入氧化锆陶瓷中,用于评估其在宽工作温度范围下作为有效固体润滑剂的潜在能力[17,39,175]。

一项研究调查了$ZrO_2(Y_2O_3)$-MoS_2-CaF_2复合材料(ZMC10)与商用SiC、Si_3N_4和Al_2O_3陶瓷球对摩时的摩擦磨损行为,研究温度范围为20~1000℃[176],结果如图4.31所示。在图4.31中,在20~1000℃的温度范围内,Al_2O_3与ZMC10对摩的摩擦系数最低。在室温下,Al_2O_3与ZMC10对摩的摩擦系数为0.32,当温度升至200℃时,摩擦系数为0.27;在400℃时,摩擦系数增加到0.40,接近于600℃的摩擦系数值;当温度升至800℃时,摩擦系数降至0.30;并且在1000℃又下降至0.28。

较低滑动速度下,掺杂$SrSO_4$的Y_2O_3稳定ZrO_2复合材料,在室温至800℃的稳态摩擦系数小于0.2,磨损率降低。形成$SrSO_4$润滑膜,润滑膜材料的塑性变形和有效扩散,是复合材料在较宽温度范围内拥有低摩擦系数和低磨损率的最重要因素。文献[177]采用热压法制备了添加MoS_2和CaF_2润滑剂的ZrO_2基高温自润滑复合材料,并研究了其在室温到1000℃时的摩擦学性能。ZrO_2-MoS_2-

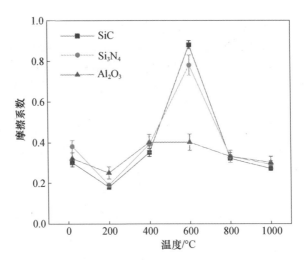

图4.31 $ZrO_2(Y_2O_3)$基复合材料在不同测试温度下的摩擦系数(试验条件:
0.20m/s,10N,30min)(摘自:Kong, L. et al., *Tribo. Inter.*, 64, 53–62, 2013)

CaF_2复合材料具有较高显微硬度($HV824 \pm 90$)和断裂韧性($6.5 \pm 1.4MPa \cdot m^{1/2}$),与SiC陶瓷对摩时在较宽温度范围内表现出优异的自润滑和抗磨性能。其在1000℃时,摩擦系数非常低,约为0.27,磨损率为$1.54 \times 10^{-5} mm^3/(N \cdot m)$,如图4.32所示。该复合材料的低摩擦和低磨损,归因于高温下磨损表面形成了新的润滑剂$CaMoO_4$(图4.33)。

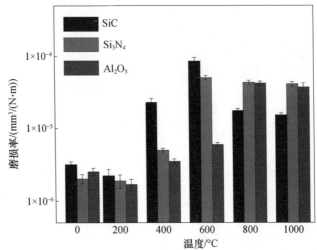

图4.32 ZrO_2-MoS_2-CaF_2复合材料在不同温度下磨损率的变化(见彩图)
(在10N的施加载荷和0.2m/s的滑动速度下与SiC陶瓷球进行对摩)
(摘自:Kong, L. et al., *Tribo. Inter.*, 64, 53–62, 2013)

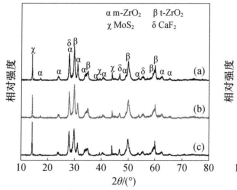
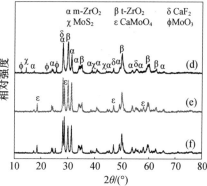

图 4.33 ZrO$_2$-MoS$_2$-CaF$_2$ 复合材料及其在不同温度下磨损表面的 XRD 图谱：
(a)ZrO$_2$ - MoS$_2$ - CaF$_2$ 复合材料,(b)200℃,(c)400℃,(d)600℃,(e)800℃ 和(f)1000℃
(摘自：Kong, L. et al., *Tribo. Inter.*, 64, 53-62, 2013)

参 考 文 献

1. Buckley DH, Miyoshi K. Friction and wear of ceramics. *Wear*. 1984;100(1-3):333-353.
2. Fischer TE et al. Friction and wear of tough and brittle zirconia in nitrogen, air, water, hexadecane and hexadecane containing stearic acid. *Wear*. 1988;124(2):133-148.
3. Bohmer M, Almond EA. Mechanical properties and wear resistance of a whiskerreinforced zirconia-toughened alumina. *Materials Science and Engineering: A*. 1988;105:105-116.
4. Breznak J, Breval E, Macmillan N. Sliding friction and wear of structural ceramics. *Journal of Materials Science*. 1985;20(12):4657-4680.
5. Gates R, Hsu M, Klaus E. Tribochemical mechanism of alumina with water. *Tribology Transactions*. 1989;32(3):357-363.
6. Gangopadhyay A, Jahanmir S, Peterson MB. Self-lubricating ceramic matrix composites. In: Jahanmir S, (Ed.). *Friction and Wear of Ceramics*. Marcel Dekker: New York; 1994. pp. 163-197.
7. Tomizawa H, Fischer T. Friction and wear of silicon nitride and silicon carbide in water: Hydrodynamic lubrication at low sliding speed obtained by tribochemical wear. *ASLE Transactions*. 1987;30(1):41-46.
8. Pope LE, Fehrenbacher LL, Winer WO. *New Materials Approaches to Tribology*. Materials Research Society: Pittsburgh, PA; 1989.
9. Omrani E et al. New emerging self-lubricating metal matrix composites for tribological applications. In: Davim

JP, (Ed.). *Ecotribology*. Springer: Cham, Switzerland; 2016. pp. 63–103.

10. Nishimura M. Tribological problems in the space development in Japan. *JSME International Journal. Ser. 3, Vibration, Control Engineering, Engineering for Industry*. 1988;31(4):661–670.
11. Pallini R, Wedeven L. Traction characteristics of graphite lubricants at high temperature. *Tribology Transactions*. 1988;31(2):289–295.
12. Wedeven L, Pallini R, Miller N. Tribological examination of unlubricated and graphite lubricated silicon nitride under traction stress. *Wear*, 1988;122(2):183–205.
13. Sliney H et al. Tribology of selected ceramics at temperatures to 900℃. *Tenth Annual Conference on Composites and Advanced Ceramic Materials*. American Ceramic Society: Cocoa Beach, FL; 1986.
14. Sliney HE. Wide temperature spectrum self-lubricating coatings prepared by plasma spraying. *Thin Solid Films*. 1979;64(2):211–217.
15. Liu H, Xue Q. The tribological properties of TZP-graphite self-lubricating ceramics. *Wear*. 1996;198(1):143–149.
16. Jin Y, Kato K, Umehara N. Further investigation on the tribological behavior of Al_2O_3–$20Ag_2OCaF_2$ composite at 650℃. *Tribology Letters*. 1999;6(3):225–232.
17. Ouyang J et al. Tribological properties of spark-plasma-sintered ZrO_2(Y_2O_3)–CaF_2–Ag composites at elevated temperatures. *Wear*. 2005;258(9):1444–1454.
18. Zhang Y et al. High-performance self-lubricating ceramic composites with laminated graded structure. In: Ebrahimi F, (Ed.). *Advances in Functionally Graded Materials and Structures*. Intech: Rijeka, Croatia; 2016. https://cdn.intechopen.com/pdfswm/49949.pdf.
19. Zhang Y-S et al. Lubrication behavior of Y–TZP/Al_2O_3/Mo nanocomposites at high temperature. *Wear*. 2010;268(9):1091–1094.
20. Carrapichano J, Gomes J, Silva R. Tribological behaviour of Si_3N_4–BN ceramic materials for dry sliding applications. *Wear*. 2002;253(9):1070–1076.
21. Ye Y, Chen J, Zhou H. An investigation of friction and wear performances of bonded molybdenum disulfide solid film lubricants in fretting conditions. *Wear*. 2009;266(7):859–864.
22. Moshkovich A et al. Friction and wear of solid lubricant films deposited by different types of burnishing. *Wear*. 2007;263(7):1324–1327.
23. Senda T, Drennan J, McPherson R. Sliding wear of oxide ceramics at elevated temperatures. *Journal of the American Ceramic Society*. 1995;78(11):3018–3024.
24. Aizawa T et al. Self-lubrication mechanism via the in situ formed lubricious oxide tribofilm. *Wear*. 2005;259(1):708–718.
25. Wang L et al. Tribological investigation of CaF_2 nanocrystals as grease additives. *Tribology International*. 2007;40(7):1179–1185.
26. Wang Y, Liu Z. Tribological properties of high temperature self-lubrication metal ceramics with an interpenetrating network. *Wear*. 2008;265(11):1720–1726.
27. Mattern A et al. Preparation of interpenetrating ceramic metal composites. *Journal of the European ceramic society*. 2004;24(12):3399–3408.
28. Bahadur S, Yang C-N. Friction and wear behavior of tungsten and titanium carbide coatings. *Wear*. 1996;196(1 2):156–163.

29. Van Acker K, Vercammen K. Abrasive wear by TiO_2 particles on hard and on low friction coatings. *Wear*. 2004;256(3):353-361.

30. Qi Y-E, Zhang Y-S, Hu L-T. High-temperature self-lubricated properties of Al_2O_3/Mo laminated composites. *Wear*. 2012;280:1-4.

31. Sierra C, Vazquez A. Dry sliding wear behaviour of nickel aluminides coatings produced by self-propagating high-temperature synthesis. *Intermetallics*. 2006;14(7):848-852.

32. Liu C, Pope DP. Ni_3Al and its Alloys. *Intermetallic Compounds*. 2000;2:17-47.

33. Sikka V et al. Advances in processing of Ni3Al-based intermetallics and applications. *Intermetallics*. 2000;8(9):1329-1337.

34. Sliney H. E. Solid lubricant materials for high temperatures-A review. *Tribology International*. 1982;15(5):303-315.

35. Pawlak Z et al. A comparative study on the tribological behaviour of hexagonal boron nitride (h-BN) as lubricating micro-particles-An additive in porous sliding bearings for a car clutch. *Wear*. 2009;267(5):1198-1202.

36. Mahathanabodee S et al. Effects of hexagonal boron nitride and sintering temperature on mechanical and tribological properties of SS316L/h-BN composites. *Materials & Design*. 2013;46:588-597.

37. Zhang X-F et al. Microstructure and properties of HVOF sprayed Ni-based submicron WS_2/CaF_2 self-lubricating composite coating. *Transactions of Nonferrous Metals Society of China*. 2009;19(1):85-92.

38. Shi X et al. Tribological behavior of Ni_3Al matrix self-lubricating composites containing WS_2, Ag and hBN tested from room temperature to 800℃. *Materials & Design*. 2014;55:75-84.

39. Ouyang J et al. Spark-plasma-sintered ZrO_2(Y_2O_3)-$BaCrO_4$ self-lubricating composites for high temperature tribological applications. *Ceramics International*. 2005;31(4):543-553.

40. Murakami T et al. High-temperature tribological properties of spark-plasma-sintered Al_2O_3 composites containing barite-type structure sulfates. *Tribology International*. 2007;40(2):246-253.

41. Gulbiński W, Suszko T. Thin films of MoO_3-Ag_2O binary oxides-the high temperature lubricants. *Wear*. 2006;261(7):867-873.

42. Zhu S et al. Barium chromate as a solid lubricant for nickel aluminum. *Tribology Transactions*. 2012;55(2):218-223.

43. Zhu S et al. Tribological property of Ni_3Al matrix composites with addition of $BaMoO_4$. *Tribology Letters*. 2011;43(1):55-63.

44. Deadmore DL, Sliney HE. Hardness of CaF_2 and BaF_2 solid lubricants at 25 to 670℃. NASA TM 88979. 1987.

45. Sliney HE, Strom TN, Allen GP. Fluoride solid lubricants for extreme temperatures and corrosive environments. *ASLE Transactions*. 1965;8(4):307-322.

46. Zhu S. Fabrication and tribological performance of Ni-Al matrix high temperature selflubricating composites. PhD Thesis. Chinese Academy of Sciences, Lanzhou; 2011.

47. Zhang Y et al. Ti_3SiC_2-a self-lubricating ceramic. *Materials Letters*. 2002;55(5):285-289.

48. Souchet A et al. Tribological duality of Ti_3SiC_2. *Tribology Letters*. 2005;18(3):341-352.

49. Shi X et al. Tribological behavior of Ti_3SiC_2/(WC-10Co) composites prepared by spark plasma sintering. *Materials & Design*. 2013;45:365-376.

50. Su Y-L, Kao W-H. Tribological behaviour and wear mechanism of MoS_2-Cr coatings sliding against various counterbody. *Tribology International.* 2003;36(1):11-23.

51. Yao J et al. Influence of lubricants on wear and self-lubricating mechanisms of Ni3Al matrix self-lubricating composites. *Journal of Materials Engineering and Performance.* 2015;24(1):280-295.

52. Wu X et al. Aqueous mineralization process to synthesize uniform shuttle-like $BaMoO_4$ microcrystals at room temperature. *Journal of Solid State Chemistry.* 2007;180(11):3288-3295.

53. Basiev T et al. Spontaneous Raman spectroscopy of tungstate and molybdate crystals for Raman lasers. *Optical Materials.* 2000;15(3):205-216.

54. Gabr R, El-Awad A, Girgis M. Physico-chemical and catalytic studies on the calcination products of $BaCrO_4$-CrO_3 mixture. *Materials Chemistry and Physics.* 1992;30(4):253-259.

55. Azad A, Sudha R, Sreedharan O. The standard Gibbs energies of formation of $ACrO_4$ (A = Ca, Sr or Ba) from EMF measurements. *Thermochimica Acta.* 1992;194:129-136.

56. Guo J et al. Tensile properties and microstructures of NiAl-20TiB2 and NiAl-20TiC in situ composites. *Materials & Design.* 1997;18(4):357-360.

57. Bhaumik S et al. Reaction sintering of NiAl and TiB_2 NiAl composites under pressure. *Materials Science and Engineering: A.* 1998;257(2):341-348.

58. Gao M et al. Interpenetrating microstructure and fracture mechanism of NiAl/TiC composites by pressureless melt infiltration. *Materials Letters.* 2004;58(11):1761-1765.

59. Alman DE, Hawk JA. The abrasive wear of sintered titanium matrix-ceramic particle reinforced composites. *Wear.* 1999;225:629-639.

60. Johnson B, Kennedy F, Baker I. Dry sliding wear of NiAl. *Wear.* 1996;192(1-2):241-247.

61. Jin J-H, Stephenson D. The sliding wear behaviour of reactively hot pressed nickel aluminides. *Wear.* 1998;217(2):200-207.

62. Zhu S et al. Tribological behavior of NiAl matrix composites with addition of oxides at high temperatures. *Wear.* 2012;274:423-434.

63. Shi X et al. Influence of Ti_3SiC_2 content on tribological properties of NiAl matrix self lubricating composites. *Materials & Design.* 2013;45:179-189.

64. Ozdemir O, Zeytin S, Bindal C. Tribological properties of NiAl produced by pressure assisted combustion synthesis. *Wear.* 2008;265(7):979-985.

65. Centers PW. The role of oxide and sulfide additions in solid lubricant compacts. *Tribology Transactions.* 1988;31(2):149-156.

66. Ohno N et al. Tribological properties and film formation behavior of thermoreversible gel lubricants. *Tribology Transactions.* 2010;53(5):722-730.

67. Kondo H, Aoki M, Seto JE. Tribochemical reactions on the surfaces of thin film magnetic media. *Tribology Transactions.* 1993;36(2):193-200.

68. Johnson D et al. Processing and mechanical properties of in-situ composites from the NiAlCr and the NiAl (Cr, Mo) eutectic systems. *Intermetallics.* 1995;3(2):99-113.

69. Huai K et al. Microstructure and mechanical behavior of NiAl-based alloy prepared by powder metallurgical route. *Intermetallics.* 2007;15(5):749-752.

70. Zhu S et al. NiAl matrix high-temperature self-lubricating composite. *Tribology Letters.* 2011;41(3):

535–540.

71. Hu KH, Hu XG, Sun XJ. Morphological effect of MoS$_2$ nanoparticles on catalytic oxidation and vacuum lubrication. *Applied Surface Science*. 2010;256(8):2517–2523.

72. Arslan E et al. High temperature friction and wear behavior of MoS2/Nb coating in ambient air. *Journal of Coatings Technology and Research*. 2010;7(1):131.

73. Zabinski J et al. Chemical and tribological characterization of PbO MoS$_2$ films grown by pulsed laser deposition. *Thin Solid Films*. 1992;214(2):156–163.

74. Sen R et al. Encapsulated and hollow closed-cage structures of WS$_2$ and MoS$_2$ prepared by laser ablation at 450–1050℃. *Chemical Physics Letters*. 2001;340(3):242–248.

75. Pampuch R et al. Solid combustion synthesis of Ti$_3$SiC$_2$. *Journal of the European Ceramic Society*. 1989;5(5):283–287.

76. Finkel P, Barsoum M, El-Raghy T. Low temperature dependence of the elastic properties of Ti$_3$SiC$_2$. *Journal of Applied Physics*. 1999;85(10):7123–7126.

77. Finkel P, Barsoum M, El-Raghy T. Low temperature dependencies of the elastic properties of Ti$_4$AlN$_3$, Ti$_3$Al$_{1.1}$C$_{1.8}$, and Ti$_3$SiC$_2$. *Journal of Applied Physics*. 2000;87(4):1701–1703.

78. Shi X et al. Synergetic lubricating effect of MoS$_2$ and Ti$_3$SiC$_2$ on tribological properties of NiAl matrix self-lubricating composites over a wide temperature range. *Materials & Design*. 2014;55:93–103.

79. Kong L et al. High-temperature tribological behavior of ZrO$_2$–MoS$_2$–CaF$_2$ self-lubricating composites. *Journal of the European Ceramic Society*. 2013;33(1):51–59.

80. Wong K et al. Surface and friction characterization of MoS$_2$ and WS$_2$ third body thin films under simulated wheel/rail rolling-sliding contact. *Wear*. 2008;264(7):526–534.

81. Shi X et al. Tribological behaviors of NiAl based self-lubricating composites containing different solid lubricants at elevated temperatures. *Wear*. 2014;310(1):1–11.

82. Lee C et al. Measurement of the elastic properties and intrinsic strength of monolayer graphene. *Science*. 2008;321(5887):385–388.

83. Soldano C, Mahmood A, Dujardin E. Production, properties and potential of graphene. *Carbon*. 2010;48(8):2127–2150.

84. Berman D, Erdemir A, Sumant AV. Reduced wear and friction enabled by graphene layers on sliding steel surfaces in dry nitrogen. *Carbon*. 2013;59:167–175.

85. Xiao Y et al. Tribological performance of NiAl self-lubricating matrix composite with addition of graphene at different loads. *Journal of Materials Engineering and Performance*. 2015;24(8):2866–2874.

86. Bhushan B. *Nanotribology and Nanomechanics I: Measurement Techniques and Nanomechanics*, Vol. 1. Springer Science & Business Media: Berlin, Germany; 2011.

87. Bhushan B. Nanotribology, nanomechanics, and materials characterization. In: Bhushan B, (Ed.). *Springer Handbook of Nanotechnology*. Springer: Berlin, Germany; 2010. pp. 789–856.

88. Qian L et al. Nanofretting behaviors of NiTi shape memory alloy. *Wear*. 2007;263(1):501–507.

89. Bhushan B. Nanotribology and nanomechanics. *Wear*. 2005;259(7):1507–1531.

90. Schaupp D, Schneider J, Zum GK-H. Wear mechanisms on multiphase Al$_2$O$_3$ ceramics during running-in period in unlubricated oscillating sliding contact. *Tribology Letters*. 2001;9(3):125–131.

91. Ziebert C, Gahr K-HZ. Microtribological properties of two-phase Al$_2$O$_3$ ceramic studied by AFM and FFM in

air of different relative humidity. *Tribology Letters.* 2004;17(4):901–909.

92. Novak S, Kalin M. The effect of pH on the wear of water-lubricated alumina and zirconia ceramics. *Tribology Letters.* 2004;17(4):727–732.

93. Zhou Z et al. Friction and wear properties of $ZrO_2-Al_2O_3$ composite with three layered structure under water lubrication. *Tribology Letters.* 2013;49(1):151–156.

94. Jin Y, Kato K, Umehara N. Tribological properties of self-lubricating CMC/Al_2O_3 pairs at high temperature in air. *Tribology Letters.* 1998;4(3):243–250.

95. Jin Y, Kato K, Umehara, N. Effects of sintering aids and solid lubricants on tribological behaviours of CMC/Al_2O_3 pair at 650℃. *Tribology Letters.* 1999;6(1):15–21.

96. Hsiao W et al. Wear resistance and microstructural properties of Ni-Al/h-BN/WC-Co coatings deposited using plasma spraying. *Materials Characterization.* 2013;79:84–92.

97. Zishan C et al. Tribological behaviors of SiC/h-BN composite coating at elevated temperatures. *Tribology International.* 2012;56:58–65.

98. Li X et al. Fabrication and characterization of B4C-based ceramic composites with different mass fractions of hexagonal boron nitride. *Ceramics International.* 2015;41(1):27–36.

99. Kovalčíková A et al. Influence of hBN content on mechanical and tribological properties of Si_3N_4/BN ceramic composites. *Journal of the European Ceramic Society.* 2014;34(14):3319–3328.

100. Cho M, Kim D, Cho W. Analysis of micro-machining characteristics of Si_3N_4–hBN composites. *Journal of the European Ceramic Society.* 2007;27(2):1259–1265.

101. Yuan B et al. Silicon nitride/boron nitride ceramic composites fabricated by reactive pressureless sintering. *Ceramics International.* 2009;35(6):2155–2159.

102. Blau P et al. Reciprocating friction and wear behavior of a ceramic-matrix graphite composite for possible use in diesel engine valve guides. *Wear.* 1999;225:1338–1349.

103. Dong L–M et al. A study on the friction and wear behavior of ceramic-graphite composite. *Tribology-Beijing-.* 1997;17:361–366.

104. Qi Y et al. Design and preparation of high-performance alumina functional graded selflubricated ceramic composites. *Composites Part B: Engineering.* 2013;47:145–149.

105. Song J et al. Influence of structural parameters and compositions on the tribological properties of alumina/graphite laminated composites. *Wear.* 2015;338:351–361.

106. Wang C–A et al. Biomimetic structure design-A possible approach to change the brittleness of ceramics in nature. *Materials Science and Engineering: C.* 2000;11(1):9–12.

107. Mekky W, Nicholson PS. The fracture toughness of Ni/Al_2O_3 laminates by digital image correlation I: Experimental crack opening displacement and R-curves. *Engineering Fracture Mechanics.* 2006;73(5):571–582.

108. Mekky W, Nicholson PS. The fracture toughness of Ni/Al_2O_3 laminates by digital image correlation II: Bridging-stresses and R-curve models. *Engineering Fracture Mechanics.* 2006;73(5):583–592.

109. Launey ME et al. A novel biomimetic approach to the design of high-performance ceramic-metal composites. *Journal of the Royal Society Interface.* 2010;7(46):741–753.

110. Song J et al. Influence of structural parameters and transition interface on the fracture property of Al_2O_3/Mo laminated composites. *Journal of the European Ceramic Society.* 2015;35(5):1581–1591.

111. Fang Y et al. Influence of structural parameters on the tribological properties of Al_2O_3/Mo laminated nanocomposites. *Wear*. 2014;320:152–160.

112. Su Y et al. High-temperature self-lubricated and fracture properties of alumina/ molybdenum fibrous monolithic ceramic. *Tribology Letters*. 2016;61(1):9.

113. Fang Y et al. Design and fabrication of laminated-graded zirconia self-lubricating composites. *Materials & Design*. 2013;49:421–425.

114. Schwartz MM. *Composite Materials. Volume 1: Properties, Non-Destructive Testing, and Repair*. Prentice Hall: Old Tappan, NJ; 1997.

115. Yang X, Rahaman M. SiC platelet-reinforced Al_2O_3 composites by free sintering of coated inclusions. *Journal of the European Ceramic Society*. 1996;16(11):1213–1220.

116. Hu CL, Rahaman MN. SiC-whisker-reinforced Al_2O_3 composites by free sintering of coated powders. *Journal of the American Ceramic Society*. 1993;76(10):2549–2554.

117. Koichi N. New design concept of structural ceramics-ceramics nanocomposites. *Journal of Ceramic Society of Japan*. 1991;99(3):974–82.

118. Lawn B, Fuller E. New design concept of structural ceramics: Ceramic nanocomposites. *Journal of Material Science*. 1975;12:2016–2024.

119. Deb A, Chatterjee P, Gupta SS. Synthesis and microstructural characterization of $\alpha-Al_2O_3-t-ZrO_2$ composite powders prepared by combustion technique. *Materials Science and Engineering: A*. 2007;459(1):124–131.

120. Ruehle M, Claussen N, Heuer AH. Transformation and microcrack toughening as complementary processes in ZrO_2-toughened Al_2O_3. *Journal of the American Ceramic Society*. 1986;69(3):195–197.

121. Kim S-H, Lee SW. Wear and friction behavior of self-lubricating alumina-zirconia-fluoride composites fabricated by the PECS technique. *Ceramics International*. 2014;40(1):779–790.

122. Yang X-F et al. Wear properties and microstructures of alumina matrix composite ceramics used for drawing dies. *Ceramics International*. 2009;35(8):3495–3502.

123. Jianxin D, Xuefeng Y, Jinghai W. Wear mechanisms of Al2O3/TiC/Mo/Ni ceramic wire-drawing dies. *Materials Science and Engineering: A*. 2006;424(1):347–354.

124. Song P et al. Tribological properties of self-lubricating laminated ceramic materials. *Journal of Wuhan University of Technology. Materials Science Edition*. 2014;29(5):906.

125. Zhang X-Y, Tan S-H, Jiang D-L. $AlN-TiB_2$ composites fabricated by spark plasma sintering. *Ceramics International*. 2005;31(2):267–270.

126. Kawabata T, Fukai H, Izumi O. Effect of ternary additions on mechanical properties of TiAl. *Acta Materialia*. 1998;46(6):2185–2194.

127. Zollinger J et al. Influence of oxygen on solidification behaviour of cast TiAl-based alloys. *Intermetallics*. 2007;15(10):1343–1350.

128. Wu X. Review of alloy and process development of TiAl alloys. *Intermetallics*. 2006;14(10):1114–1122.

129. Appel F, Wagner R. Microstructure and deformation of two-phase γ-titanium aluminides. *Materials Science and Engineering: R: Reports*. 1998;22(5):187–268.

130. Rastkar A, Shokri B. A multi-step process of oxygen diffusion to improve the wear performance of a gamma-based titanium aluminide. *Wear*. 2008;264(11):973–979.

131. Yuan Y et al. The precipitation reaction in a Ag-modified TiAl based intermetallic, as studied by TEM. *Journal of Alloys and Compounds*. 2005;399(1):126-131.

132. Shu S et al. Compression properties and work-hardening behavior of Ti_2 AlC/TiAl composites fabricated by combustion synthesis and hot press consolidation in the Ti-Al-Nb-C system. *Materials & Design*. 2011;32(10):5061-5065.

133. Imayev R et al. Alloy design concepts for refined gamma titanium aluminide based alloys. *Intermetallics*. 2007;15(4):451-460.

134. Li C, Xia J, Dong H. Sliding wear of TiAl intermetallics against steel and ceramics of Al_2O_3, Si_3N_4 and WC/Co. *Wear*. 2006;261(5):693-701.

135. Cheng J et al. Effect of TiB_2 on dry-sliding tribological properties of TiAl intermetallics. *Tribology International*. 2013;62:91-99.

136. Liu X-B, Yu R-L. Influences of precursor constitution and processing speed on microstructure and wear behavior during laser clad composite coatings on γ-TiAl intermetallic alloy. *Materials & Design*. 2009;30(2):391-397.

137. Sun T et al. Study on dry sliding friction and wear properties of Ti_2 AlN/TiAl composite. *Wear*. 2010;268(5):693-699.

138. Cheng J et al. The tribological behavior of a Ti–46Al–2Cr–2Nb alloy under liquid paraffine lubrication. *Tribology Letters*. 2012;46(3):233-241.

139. Miyoshi K, Lerch BA, Draper SL. Fretting wear of Ti–48Al–2Cr–2Nb. *Tribology International*. 2003;36(2):145-153.

140. Cheng J et al. High temperature tribological behavior of a Ti–46Al–2Cr–2Nb intermetallics. *Intermetallics*. 2012;31:120-126.

141. Zhai H et al. Oxidation layer in sliding friction surface of high-purity Ti_3SiC_2. *Journal of Materials Science*. 2004;39(21):6635-6637.

142. Zhai H, Huang Z, Ai M. Tribological behaviors of bulk Ti_3SiC_2 and influences of TiC impurities. *Materials Science and Engineering: A*. 2006;435:360-370.

143. Li J-F et al. Mechanical properties of polycrystalline Ti_3SiC_2 at ambient and elevated temperatures. *Acta Materialia*. 2001;49(6):937-945.

144. Radovic M et al. Effect of temperature, strain rate and grain size on the mechanical response of Ti_3SiC_2 in tension. *Acta Materialia*. 2002;50(6):1297-1306.

145. Kooi B et al. Ti_3SiC_2: A damage tolerant ceramic studied with nano-indentations and transmission electron microscopy. *Acta Materialia*. 2003;51(10):2859-2872.

146. Zhai HX et al. Frictional layer and its antifriction effect in high-purity Ti_3SiC_2 and TiC contained Ti_3SiC_2. *Key Engineering Materials*. 2005;280-283:1347-1352.

147. Huang ZY et al. Sliding friction behavior of bulk Ti_3SiC_2 under difference normal pressures. *Key Engineering Materials*. 2005;280-283:1353-1356.

148. Zhang ZL et al. Tribo-chemical reaction in bulk Ti_3SiC_2 under sliding friction. *Key Engineering Materials*. 2005;280-283:1357-1360.

149. Barsoum MW, El-Raghy T, Ogbuji LU. Oxidation of Ti_3SiC_2 in air. *Journal of the Electrochemical Society*. 1997;144(7):2508-2516.

150. Gupta S et al. Tribological behavior of select MAX phases against Al_2O_3 at elevated temperatures. *Wear*. 2008;265(3):560–565.

151. Xu Z et al. High-temperature tribological performance of Ti_3SiC_2/TiAl self-lubricating composite against Si_3N_4 in Air. *Journal of Materials Engineering and Performance*. 2014;23(6):2255–2264.

152. Kim G et al. Characterization of atmospheric plasma spray $NiCr-Cr_2O_3-Ag-CaF_2/BaF_2$ coatings. *Surface and Coatings Technology*. 2005;195(1):107–115.

153. Yuan J et al. Microstructures and tribological properties of plasma sprayed $WC-Co-Cu-BaF_2/CaF_2$ self-lubricating wear resistant coatings. *Applied Surface Science*. 2010;256(16):4938–4944.

154. Shi X et al. Tribological performance of TiAl matrix self-lubricating composites containing Ag, Ti_3SiC_2 and BaF_2/CaF_2 tested from room temperature to 600℃. *Materials & Design*. 2014;53:620–633.

155. Riley FL. Silicon nitride and related materials. *Journal of the American Ceramic Society*. 2000;83(2):245–265.

156. Skopp A, Woydt M, Habig K-H. Tribological behavior of silicon nitride materials under unlubricated sliding between 22℃ and 1000℃. *Wear*. 1995;181:571–580.

157. Strong KL, Zabinski JS. Tribology of pulsed laser deposited thin films of cesium oxy thiomolybdate (CS_2MoOS_3). *Thin Solid Films*. 2002;406(1):174–184.

158. Strong KL, Zabinski JS. Characterization of annealed pulsed laser deposited (PLD) thin films of cesium oxythiomolybdate (CS_2MoOS_3). *Thin Solid Films*. 2002;406(1):164–173.

159. Rosado L et al. Solid lubrication of silicon nitride with cesium-based compounds: Part I-rolling contact endurance, friction and wear. *Tribology Transactions*. 2000;43(3):489–497.

160. Rosado L, Forster NH, Wittberg TN. Solid lubrication of silicon nitride with cesium-based compounds: Part II-surface analysis. *Tribology Transactions*. 2000;43(3):521–527.

161. Gao L et al. BN/Si_3N_4 nanocomposite with high strength and good machinability. *Materials Science and Engineering: A*. 2006;415(1):145–148.

162. Wei D, Meng Q, Jia D. Mechanical and tribological properties of hot-pressed h-BN/ Si_3N_4 ceramic composites. *Ceramics International*. 2006;32(5):549–554.

163. Skopp A, Woydt M. Ceramic-ceramic composite materials with improved friction and wear properties. *Tribology International*. 1992;25(1):61–70.

164. Ruigang W et al. Investigation of the physical and mechanical properties of hot-pressed machinable Si_3N_4/h-BN composites and FGM. *Materials Science and Engineering: B*. 2002;90(3):261–268.

165. Sun Y et al. Effect of hexagonal BN on the microstructure and mechanical properties of Si_3N_4 ceramics. *Journal of Materials Processing Technology*. 2007;182(1):134–138.

166. Li Y-L, Li R-X, Zhang J-X. Enhanced mechanical properties of machinable Si_3N_4/BN composites by spark plasma sintering. *Materials Science and Engineering: A*. 2008;483:207–210.

167. Liu H, Hsu SM. Fracture behavior of multilayer silicon nitride/boron nitride ceramics. *Journal of the American Ceramic Society*. 1996;79(9):2452–2457.

168. Saito T, Hosoe T, Honda F. Chemical wear of sintered Si_3N_4, hBN and Si_3N_4-h-BN composites by water lubrication. *Wear*. 2001;247(2):223–230.

169. Larsson P, Axen N, Hogmark S. Tribofilm formation on boron carbide in sliding wear. *Wear*. 1999;236(1):73–80.

170. Chen W et al. Tribological characteristics of Si_3N_4–hBN ceramic materials sliding against stainless steel without lubrication. *Wear*. 2010;269(3):241–248.

171. Iwasa M, Kakiuchi S. Mechanical and tribological properties of Si_3N_4–BN composite ceramics. *Journal of the Ceramic Society of Japan*. 1985;93(10):661.

172. Jones MI et al. Effect of rare-earth species on the wear properties of α sialon and β silicon nitride ceramics under tribochemical type conditions. *Journal of Materials Research*. 2004;19(09):2750–2758.

173. Zum Gahr K–H et al. Micro-and macro-tribological properties of SiC ceramics in sliding contact. *Wear*. 2001;250(1):299–310.

174. Erdemir A, Bindal C. Formation and self-lubricating mechanisms of boric acid on borided steel surfaces. *Surface & Coatings Technology*. 1995;76(1–3):443–449.

175. Ouyang J, Sasaki S, Umeda K. Microstructure and tribological properties of low-pressure plasma-sprayed ZrO_2–CaF_2–Ag_2O composite coating at elevated temperature. *Wear*. 2001;249(5):440–451.

176. Kong L et al. $ZrO_2(Y_2O_3)$–MoS_2–CaF_2 self-lubricating composite coupled with different ceramics from 20℃ to 1000℃. *Tribology International*. 2013;64:53–62.

177. Kong L et al. Effect of CuO on self-lubricating properties of $ZrO_2(Y_2O_3)$–Mo composites at high temperatures. *Journal of the European Ceramic Society*. 2014;34(5):1289–1296.

第 5 章 自润滑材料摩擦学行为的计算方法

5.1 分子动力学简介

分子动力学是一门计算固体、液体和气体中粒子运动的技术。其中粒子为原子或分子,运动由位置、速度和方向组成。在众多物体系统中,位置、速度和方向随时间而变化,系统中粒子间的相互作用,以及系统-环境的相互作用应包含在内。

如图 5.1 所示,分子动力学模拟是一种聚焦微米量级、中尺度(Mesoscale)模型的有用技术,可分为两类:第一性原理分子动力学(First-Principles Molecular Dynamics,FPMD)和经典分子动力学(Classical Molecular Dynamics)。FPMD模拟依赖于量子力学的基本性质和规律,不需要任何经验假设。虽然 FPMD 模拟精度很高,但对于较大的系统来说,计算成本太高,难以实现。Alder 和他的同事开发了经典分子动力学,首篇论文发表于 1957 年[1]。在经典的分子动力学模拟中,通过求解牛顿方程来计算粒子的位置和速度,这种模拟技术可以预测系统的结构和性能,就粒子数量而言,比 FPMD 模拟要大很多。

分子动力学模拟中使用的步骤与任何时间依赖性试验中的步骤相似。第一步是样品的制备,通过设置单个粒子的初始位置和速度来选择和初始化一个 N-体系统。第二步是在适当边界条件下确定粒子之间的相互作用。粒子之间的相互作用可以通过每个粒子受其全部临近粒子的作用合力来计算,并用势能函数(如 Lennard-Jones 势)来描述。一般来说,势能函数 $U(\vec{r}^N)$ 是由所有相互作用的势能对叠加产生的:

$$U(\vec{r}^N) = \sum \sum u(r_{i,j}), i < j \tag{5.1}$$

式中 $\vec{r}^N$——所有粒子的向量集;

$u(r_{i,j})$——势函数对;

$r_{i,j}$——粒子 i 和 j 之间的距离。

每个粒子上的力($\vec{F}_i$)由势能函数决定:

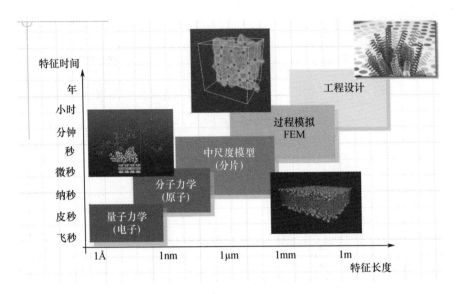

图 5.1 材料建模领域中不同时间和空间尺度的示例：量子力学、
分子力学、分子动力学（中尺度模型）和有限元方法
（摘自：*Multiscale Molecular Modeling*（多尺度分子模型），2017）

$$\vec{F}_i = -\nabla U(\vec{r}^N) \tag{5.2}$$

计算粒子间的作用力后，第三步是积分牛顿运动方程（式（5.3）），直到达到所需的时间步长。对于平衡问题的研究，积分直到系统特性不再随时间变化为止：

$$\vec{F}_i(t) = m\vec{\ddot{r}}_i(t) \tag{5.3}$$

式中 m——质点质量；

$\vec{\ddot{r}}_i(t)$——加速度。

第二步和第三步为分子动力学模拟的核心计算步骤。针对方程式（5.3）的积分，基于有限差分法提出了各种具体算法：如维莱特算法（Verlet's Algorithm）、通用预测校正算法（General Predictor-Corrector Algorithm）、吉尔预测校正算法（Gear Predictor-Corrector Algorithm）、蛙跳算法（Leap-Frog Algorithm）、速度维莱特算法（Velocity Verlet）和比曼算法（Beeman's Algorithm）。此处采用维莱特算法讲解积分过程，它是两个泰勒级数（Talyer's Series）展开的组合形式，一个时间向前，一个时间向后：

$$r_i(t+\Delta t) = r_i(t) + \frac{dr_i(t)}{dt}\Delta t + \frac{1}{2}\frac{F_i(t)}{m_i}\Delta t^2 + \frac{1}{6}\frac{d^3 r_i(t)}{dt^3}\Delta t^3 + O(\Delta t^4) \tag{5.4}$$

$$r_i(t-\Delta t) = r_i(t) - \frac{\mathrm{d}r_i(t)}{\mathrm{d}t}\Delta t + \frac{1}{2}\frac{F_i(t)}{m_i}\Delta t^2 - \frac{1}{6}\frac{\mathrm{d}^3 r_i(t)}{\mathrm{d}t^3}\Delta t^3 + O(\Delta t^4) \quad (5.5)$$

将方程式(5.4)和式(5.5)相加,得到

$$r_i(t+\Delta t) = 2r_i(t) - r_i(t-\Delta t) + \frac{F_i(t)}{m_i}\Delta t^2 + O(\Delta t^4) \quad (5.6)$$

每一时间步的截断误差为 $O(\Delta t^4)$,为三阶误差。在该算法中,速度(v_i)由一阶中心差估算:

$$v_i(t) = \frac{r_i(t+\Delta t) - r_i(t-\Delta t)}{2\Delta t} \quad (5.7)$$

由此可见,维莱特算法是一种时间前向和后向的两步计算方法。这也意味着初始位置和速度不足以使模拟过程产生确定的开始条件,所以需要引入特定条件来获得 $r_i(t-\Delta t)$。最后,方程式(5.6)和式(5.7)以迭代的方式分别求解所需的时间段,并获得粒子的位置和速度。

非平衡态也可以通过分子动力学模拟进行研究。这些研究最初开始于 20 世纪 70 年代[3-5]。对于非平衡态的研究,先对系统施加外力,然后计算系统对外力的响应。它通常用于计算黏度、导热系数、摩擦系数和扩散系数[6,7]。

各种软件包可用于分子动力学模拟,如 GROMACS[8]、NAMD[9]、LAMMPS[10] 和 MeDeA[11] 等。每个软件各有优缺点,通常根据计算效率、能否实现牛顿方程稳定数值积分方法的求解、不同的系综(如 NPT、NVT)和边界条件等选择相应的软件。

5.2 摩擦学行为的分子动力学模拟

原子力显微镜(AFM)已用于从纳米到微米尺度上的摩擦参数测量研究[12-17]。在原子力显微镜中,尖锐的纳米级探针在样品表面移动,探针被固定在自由振荡的悬臂梁上,并通过该悬臂施加轻量载荷。用传感器记录悬臂梁的挠度和运动,并生成摩擦力图像。图 5.2(a)显示了 SiC 基板上石墨烯的 AFM 图像,由于探针尖端与石墨烯之间的黏附,在摩擦力图(图 5.2(b))中可以看到黏滑图案[17]。这些纳米或微米尺度的摩擦现象也可通过分子动力学模拟进行建模和预测。

Mulliah 等人模拟了锥形金刚石尖端进入 Ag(101)表面的黏滑现象[18]。在分子动力学模拟中,对金刚石尖端进行模拟,使金刚石晶格的 <111> 方向与 Ag(101)表面垂直。分别用 Brenner C-C 势能、Ackland 嵌入原子势能和 Ziegler-Biersack-Littmark 势能模拟了金刚石-金刚石、Ag-Ag 和金刚石-Ag 原子之间的相

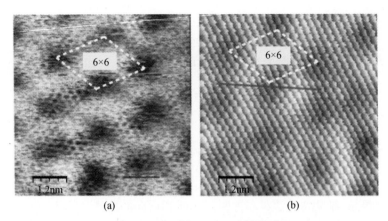

图 5.2 SiC 基板上的石墨烯薄膜

(摘自:Filleter, T. and Bennewitz, R., *Phys. Rev. B*, 81, 155412, 2010)

(a)原子级非接触式 AFM 图像;(b)摩擦力图(具有 6×6 周期性的下层 SiC 晶格波纹)。

互作用。模拟在不同的滑动速度下进行,压痕深度为 5Å。当压头的位移在 4ns 后开始上升和下降时,可清楚地观察到黏滑现象,如图 5.3 所示。

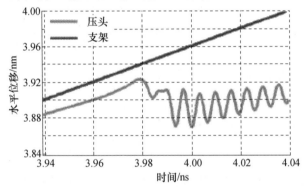

图 5.3 在 1m/s 滑动速度下,Ag(101)表面上压头(金刚石)和支架位移随时间的
变化曲线(摘自:Mulliah, D. et al., *Phys. Rev. B*, 69, 205407, 2004)

除了黏滑现象,材料从一个表面到另一个表面的转移也可以用分子动力学来模拟。Sorensen 等人提出了这样一个模型[19],在 Cu(111)表面生成一个 Cu(111)的扁平尖端,在垂直于表面的方向上使用固定边界条件,在其他两个方向上使用周期边界条件,从 Cu-Cu 相互作用的有效介质理论导出原子间的势能。图 5.4 显示了 Cu 尖端的变形情况。同样的行为也在温度 12K 和 300K、滑动速度为 2m/s 时采用分子动力学模拟进行了预测。

不同的摩擦研究也可采用分子动力学方法,如金刚石尖端在 Cu 表面滑动的不同变形区域[20];Ag、Fe 和 Si 的摩擦犁削作用[21,22];Ni 的摩擦和微观结构评

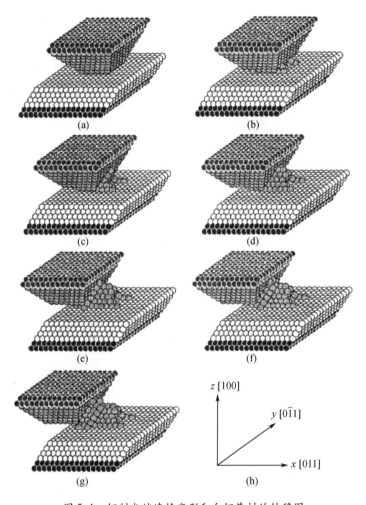

图 5.4 铜制尖端连续变形和向铜基材的转移图
(摘自:Sørensen, M. R. et al., *Phys. Rev. B Cond. Mat.*, 53, 2101-2113, 1996)
(a)初始原子的排列图;(b)~(g)0 K 条件下 2、4、6、8、10 和 12 次滑动后的变形。

估[23];Si 尖端与基体的摩擦力各向异性[24];Au 平面单粗糙峰上的多周期载荷[25];刚度对石墨烯摩擦学性能的影响[26];温度和粗糙度对干摩擦的影响[27]。这些研究表明,分子动力学是一门从原子级到微米级摩擦预测和模拟研究的有效技术。

5.3 自润滑复合材料的分子动力学模拟

在自润滑复合材料中,固体润滑剂被均匀地分散在材料内部,从而减少或消除了对外部润滑剂的需求。自润滑复合材料广泛应用于航空航天和燃气轮机等部件的高温工作场合。常见的自润滑复合材料包括 PTFE 基金属聚合物、热塑型金属聚合物、石墨金属和 MoS_2 基复合材料等。如图 5.5 所示为一种自润滑轴承,它具有 MoS_2 基复合材料保持架。

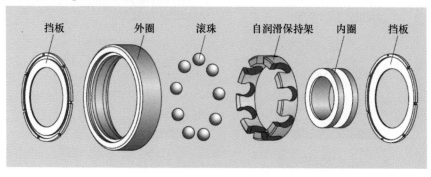

图 5.5　MoS_2 基自润滑滚动轴承

(摘自:*Bearings for vacuum environments*, products, NSK Global, 2017)

5.3.1　自润滑材料的磨损机理

用分子动力学方法模拟自润滑材料,明晰该类材料的磨损规律是十分重要的。这里给出一些自润滑材料的研究实例。Hu 等人研究了 MoS_2-聚甲醛树脂自润滑材料的摩擦学性能[29]。该复合材料是通过在 185℃下混合 MoS_2 纳米球和聚甲醛树脂制备的,摩擦磨损试验通过在 480N 载荷和 0.8m/s 的转速下,与 ASTM 1045 钢对摩完成。含有质量分数 1% MoS_2 的复合材料,其摩擦系数比单一聚甲醛树脂降低了约 22%。图 5.6 所示为单一聚甲醛树脂和复合材料的磨损痕迹,单一聚甲醛树脂的表面磨损严重(图 5.6),作者认为是摩擦热导致聚合物在试验条件下熔化,造成了此类磨损表面。添加 MoS_2 后,磨损表面变得光滑(图 5.7),同时也降低了磨损率。

Tabandeh Khorshid 等人对粉末冶金法制备的石墨烯铝基自润滑复合材料进行了研究,结果表明,经 5N 和 100r/min 摩擦学测试,Al-0.1%(质量分数)石墨烯复合材料的磨损率较低,磨损表面如图 5.8 所示。然而,随着石墨烯用量的增加,Al-1% 石墨烯复合材料的磨损表面出现大量犁沟,磨损率较高。

以上研究表明,可通过优化复合材料中增强相的填充量,以获得更好的摩擦学性能。对于其他一些使用不同润滑剂的自润滑复合材料的研究也表明,经过复合处理后,摩擦学测试过程中材料表面的耐磨性能得到了改善。这些优化过程均可通过分子动力学模拟来实现。

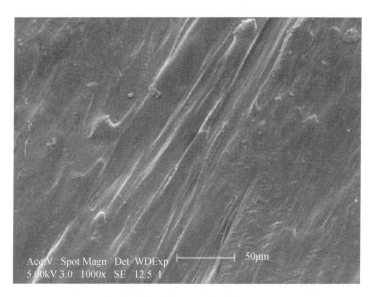

图5.6 单一聚甲醛树脂的扫描电镜(SEM)显微照片
(摘自:Hu, K. H. et al., Wear, 266, 1198-1207, 2009)

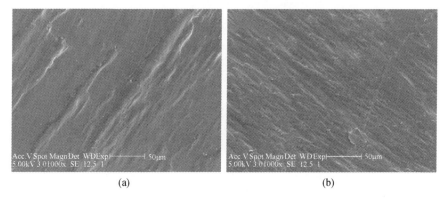

(a)   (b)

图5.7 聚甲醛树脂-MoS_2复合材料磨痕的SEM照片
(摘自:Hu, K. H. et al., Wear, 266, 1198-1207, 2009)
(a) 0.5% MoS_2;(b) 1% MoS_2。

  表面耐磨性能的改善是由于在自润滑复合材料表面上形成了第三体或固体润滑膜,因此减少了复合材料的摩擦和磨损。从图5.9可知,在初始阶段,嵌入基体内的固体润滑剂首先从基体中被转移出来,在表面相对滑动和载荷的作用下形成润滑膜层。随之进入第二阶段,在该润滑薄膜的作用下,两个表面之间的接触被隔离,从而降低了摩擦力。

  尚未见自润滑材料的分子动力学模拟报道。然而,上述磨损机理的第二阶

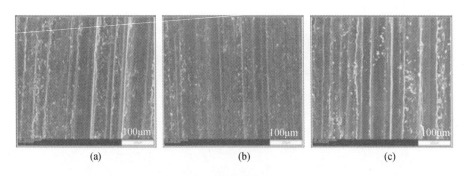

图 5.8 磨损表面的 SEM 显微照片

(摘自:Tabandeh‑Khorshid, M. et al. , *Eng. Sci. Technol. Inter. J.* ,19, 463–469, 2016)

(a)纯 Al; (b)Al–0.1% 石墨烯; (c)Al–1% 石墨烯。

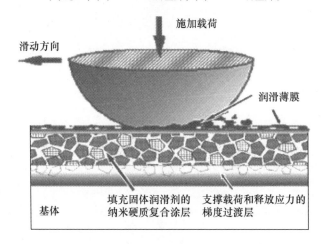

图 5.9 自润滑涂层的磨损机理示意图

(摘自:Voevodin, A. A. and Zabinski, J. S. , *Comp. Sci. Technol.* , 65, 741–748, 2005)

段表明,在两个摩擦表面之间存在第三体摩擦时,会对摩擦学性能产生影响。在第 5.3.2 节中,将综述有关第三体在两个摩擦表面之间作用的分子动力学研究内容。

5.3.2 两摩擦表面间第三体的作用效应

Hu 等人研究了两摩擦表面间 Cu 纳米粒子的作用效应[35],一共建立了两个模型,分别为两个铁块体之间不包含铜纳米粒子的模型 A 和包含铜纳米粒子的模型 B。在 x 和 z 方向施加周期性边界条件,z 方向的一端固定,如图 5.10 所示。利用嵌入原子方法的势能,描述原子间(Fe-Fe、Cu-Cu 和 Fe-Cu)的相互作用。

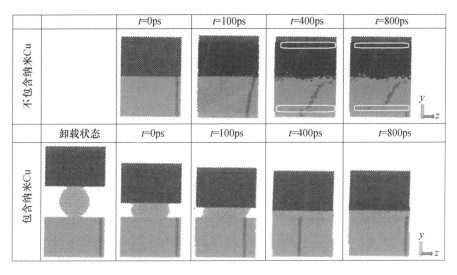

图 5.10　速度 10m/s,载荷 500MPa 时,不同滑动时间下的摩擦状态
(摘自:Hu, C. et al., *Appl. Surf. Sci.*, 321, 302-309, 2014)

使用 LAMMPS 软件进行了分子动力学模拟,初始阶段,系统静置 200ps 以达到平衡状态。在滑动过程中,对摩擦力进行监测,并在各种速度和法向载荷下进行不同的模拟试验。铜纳米粒子的变形如图 5.10 所示。铜原子的存在减少了两个铁块体表面之间的摩擦,固体表面几乎没有变形。研究还指出了减摩机理随滑动速度的变化而改变。在较低的速度(10 mm/s)下,可形成纳米膜;而在较高的速度(500 mm/s)下,由于原子的扩散作用,可形成转移层。

在一项类似的研究中,Ewen 研究了碳纳米颗粒在两个铁块体表面之间的作用[36]。研究考虑两种形式的碳:碳纳米金刚石和碳纳米洋葱(Carbon Nano-Onions)。本研究中使用的边界条件与上述研究[35]相同,采用自适应分子间反应经验键序势能(adaptive intermolecular reactive empirical bond order potential)描述 C-C 相互作用,利用嵌入原子模型势能和 Lennard-Jones 势能分别描述在同一块体和对偶块体中铁原子的相互作用。Lennard-Jones 势能也用于模拟铁-碳相互作用的范德华力,模拟结果如图 5.11 和图 5.12 所示。

图 5.11 显示了表面碳颗粒覆盖率对摩擦系数的影响。分别在铁块体之间放置 9 个、4 个和 1 个碳纳米粒子,覆盖率分别为 1.00、0.44 和 0.11。覆盖率较高时,摩擦系数很低,并且没有磨损,模拟图像(图 5.12)也显示了这一现象。此外,也进行了压力(1~5GPa)对摩擦性能的影响研究,发现在较高的压力和较低的覆盖率下,纳米颗粒会在滑动过程中犁削嵌入铁块体表面,使其出现凹痕。

即使在这种情况下,与不使用纳米颗粒的模拟研究相比,摩擦也减少了约

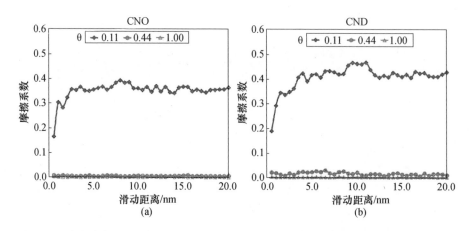

图 5.11 法向荷载 1GPa,滑动速度 10m/s 时,碳颗粒覆盖率对摩擦系数的影响(见彩图)
(摘自:Ewen, J. P. et al., *Tribol. Lett.*, 63, 38, 2016)

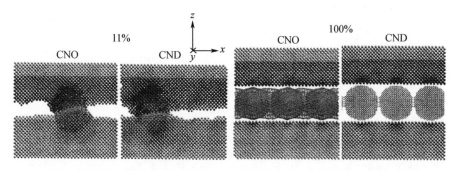

图 5.12 法向荷载 1GPa,滑动速度 10m/s 时,滑动 10mm 后 11% 和 100% 碳颗粒覆盖率的模拟图像(见彩图)(摘自:Ewen, J. P. et al., *Tribol. Lett.*, 63, 38, 2016)

75%,所获得的模拟结果也与试验结果相吻合。

除了表面间的纳米粒子,分子动力学也被用来模拟表面分子吸附对摩擦的影响[37,38]。Ewen 等人研究了不同粗糙度和覆盖率的 α-Fe 表面吸附硬脂酸对摩擦的影响[38],研究采用 LAMMPS 软件进行模拟。首先,进行 0.5ns 的压缩过程模拟,然后,对表面最外层原子施加 +5m/s 的速度,对底面施加 −5m/s 的速度,模拟 2.0ns 的滑动过程。不同粗糙度下摩擦系数随表面硬脂酸覆盖率的变化情况如图 5.13 所示。在不同粗糙度下,摩擦系数均随表面硬脂酸覆盖率的增加而降低。

采用分子动力学研究两个摩擦表面之间第三体作用的影响方面,如嵌入在铁块体之间的金刚石和二氧化硅[39],以及纳米颗粒对润滑油承载能力的影响[40]也有研究,但是相对较少。

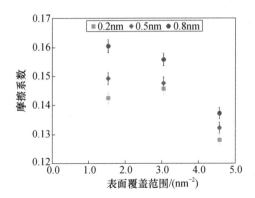

图 5.13 在 0.2nm、0.5nm 和 0.8nm 均方根(RMS)粗糙度下摩擦系数随表面硬脂酸覆盖率的变化(摘自:Ewen, J. P. et al. , *Tribol. Inter.* , 107, 264-273, 2017)

由以上分析可知,分子动力学模拟获得的结果与试验数据吻合较好。因此,分子动力学能够模拟或预测不同载荷、表面粗糙度和覆盖率等参数下,摩擦表面之间润滑层对其摩擦学性能的影响。

参 考 文 献

1. Alder BJ, Wainwright TE. Phase transition for a hard sphere system. *The Journal of Chemical Physics*. 1957; 27:1208-1209.
2. Multiscale molecular modeling, Molecular Simulation Engineering, accessed June 19, 2017. http://mose. units. it/Lists/Multiscale% 20Molecular% 20Modeling/AllItems. aspx.
3. Lees AW, Edwards SF. The computer study of transport processes under extreme conditions. *Journal of Physics C: Solid State Physics*. 1972;5:1921.
4. Gosling EM, McDonald IR, Singer K. On the calculation by molecular dynamics of the shear viscosity of a simple fluid. *Molecular Physics*. 1973;26:1475-1484.
5. Ashurst WT, Hoover WG. Argon shear viscosity via a Lennard-Jones potential with equilibrium and nonequilibrium molecular dynamics. *Physical Review Letters*. 1973;31:206.
6. Hoover WG. Nonequilibrium molecular dynamics. *Annual Review of Physical Chemistry*. 1983;34:103-127.
7. Harrison JA, Colton RJ, White CT, Brenner DW. Effect of atomic-scale surface roughness on friction: A molecular dynamics study of diamond surfaces. *Wear*. 1993;168:127-133.
8. Gromacs, accessed June 19, 2017. http://www. gromacs. org/.
9. NAMD-Scalable Molecular Dynamics, Theoretical and Computational Biophysics group, NIH Center for Macromolecular Modeling and Bioinformatics, Beckman Institute, University of Illinois, accessed June 19, 2017.

http://www.ks.uiuc.edu/Research/namd/.

10. LAMMPS Molecular Dynamics Simulator, Sandia National Labs, accessed June 19, 2017. http://lammps.sandia.gov.

11. MedeA-Materials Design, accessed June 19, 2017. http://www.materialsdesign.com/medea.

12. Mate CM, McClelland GM, Erlandsson R, Chiang S. Atomic-scale friction of a tungsten tip on a graphite surface. *Physical Review Letters*. 1987;59:226–229.

13. Kim SH, Marmo C, Somorjai GA. Friction studies of hydrogel contact lenses using AFM: Non-crosslinked polymers of low friction at the surface. *Biomaterials*. 2001;22:3285–3294.

14. Ando Y. The effect of relative humidity on friction and pull-off forces measured on submicron-size asperity arrays. *Wear*. 2000;238:12–9.

15. Choi JS, Kim J-S, Byun I-S, Lee DH, Hwang IR, Park BH et al. Facile characterization of ripple domains on exfoliated graphene. *Review of Scientific Instruments*. 2012;83:073905.

16. Choi JS, Kim J-S, Byun I-S, Lee DH, Lee MJ, Park BH et al. Friction anisotropy-driven domain imaging on exfoliated monolayer graphene. *Science*. 2011;333:607–610.

17. Filleter T, Bennewitz R. Structural and frictional properties of graphene films on SiC (0001) studied by atomic force microscopy. *Physical Review B*. 2010;81:155412.

18. Mulliah D, Kenny SD, Smith R. Modeling of stick-slip phenomena using molecular dynamics. *Physical Review B*. 2004;69:205407.

19. Sørensen MR, Jacobsen KW, Stoltze P. Simulations of atomic-scale sliding friction. *Physical Review B Condensed Matter*. 1996;53:2101–2113.

20. Zhang L, Tanaka H. Towards a deeper understanding of wear and friction on the atomic scale—a molecular dynamics analysis. *Wear*. 1997;211:44–53.

21. Smith R, Mulliah D, Kenny SD, McGee E, Richter A, Gruner M. Stick slip and wear on metal surfaces. *Wear*. 2005;259:459–466.

22. Mulliah D, Kenny SD, McGee E, Smith R, Richter A, Wolf B. Atomistic modelling of ploughing friction in silver, iron and silicon. *Nanotechnology*. 2006;17:1807.

23. Liu XM, You X, Zhuang Z. Contact and Friction at Nanoscale. *Advanced Materials Research*. 2008;33-37:999–1004.

24. Chen L, Wang Y, Bu H, Chen Y. Simulations of the anisotropy of friction force between a silicon tip and a substrate at nanoscale. *Proceedings of the Institution of Mechanical Engineers, Part N: Journal of Nanoengineering and Nanosystems*. 2013;227:130–134.

25. Song J, Srolovitz DJ. Atomistic simulation of multicycle asperity contact. *Acta Materialia*. 2007;55:4759–4768.

26. Zhang H, Guo Z, Gao H, Chang T. Stiffness-dependent interlayer friction of graphene. *Carbon*. 2015;94:60–66.

27. Spijker P, Anciaux G, Molinari J-F. Relations between roughness, temperature and dry sliding friction at the atomic scale. *Tribology International*. 2013;59:222–229.

28. Bearings for vacuum environments, NSK Global, accessed June 19, 2017. http://www.nsk.com/products/spacea/vacuum/.

29. Hu KH, Wang J, Schraube S, Xu YF, Hu XG, Stengler R. Tribological properties of MoS2 nano-balls as

filler in polyoxymethylene-based composite layer of three-layer self-lubrication bearing materials. *Wear.* 2009;266:1198–1207.

30. Tabandeh-Khorshid M, Omrani E, Menezes PL, Rohatgi PK. Tribological performance of self-lubricating aluminum matrix nanocomposites: Role of graphene nanoplatelets. *Engineering Science and Technology, an International Journal.* 2016;19:463–469.

31. Voevodin AA, Zabinski JS. Nanocomposite and nanostructured tribological materials for space applications. *Composites Science and Technology.* 2005;65:741–748.

32. Moghadam AD, Omrani E, Menezes PL, Rohatgi PK. Mechanical and tribological properties of self-lubricating metal matrix nanocomposites reinforced by carbon nanotubes (CNTs) and graphene-A review. *Composites Part B: Engineering.* 2015;77:402–420.

33. Erdemir A. Review of engineered tribological interfaces for improved boundary lubrication. *Tribology International.* 2005;38:249–256.

34. Zhu S, Bi Q, Yang J, Liu W, Xue Q. Ni3Al matrix high temperature self-lubricating composites. *Tribology International.* 2011;44:445–453.

35. Hu C, Bai M, Lv J, Liu H, Li X. Molecular dynamics investigation of the effect of copper nanoparticle on the solid contact between friction surfaces. *Applied Surface Science.* 2014;321:302–309.

36. Ewen JP, Gattinoni C, Thakkar FM, Morgan N, Spikes HA, Dini D. Nonequilibrium molecular dynamics investigation of the reduction in friction and wear by carbon nanoparticles between iron surfaces. *Tribology Letters.* 2016;63:38.

37. He G, Robbins MO. Simulations of the static friction due to adsorbed molecules. *Physical Review B.* 2001;64:035413.

38. Ewen JP, Restrepo SE, Morgan N, Dini D. Nonequilibrium molecular dynamics simulations of stearic acid adsorbed on iron surfaces with nanoscale roughness. *Tribology International.* 2017;107:264–273.

39. Hu C, Bai M, Lv J, Kou Z, Li X. Molecular dynamics simulation on the tribology properties of two hard nanoparticles (diamond and silicon dioxide) confined by two iron blocks. *Tribology International.* 2015;90:297–305.

40. Hu C, Bai M, Lv J, Li X. Molecular dynamics simulation of mechanism of nanoparticle in improving load-carrying capacity of lubricant film. *Computational Materials Science.* 2015;109:97–103.

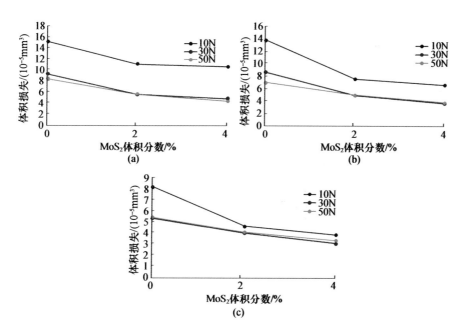

图 2.16 不同滑动速度下，Al – Si$_{10}$Mg/Al$_2$O$_3$/MoS$_2$ 复合材料
在不同载荷下体积损失与 MoS$_2$ 体积分数的关系
(摘自：Dharmalingam, S. et al., *J. Mater. Engi. Perfor.*, 20, 1457 – 1466, 2011)
(a) 2m/s；(b) 3m/s；(c) 4m/s。

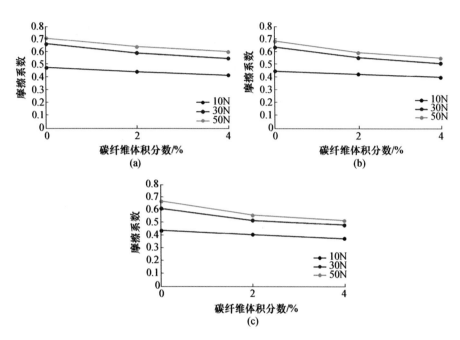

图 2.17 不同滑动速度下,Al-Si$_{10}$Mg-Al$_2$O$_3$-MoS$_2$ 碳纤维复合材料在
不同载荷下摩擦系数与碳纤维体积分数的关系
(摘自:Dharmalingam, S. et al. , J. Mater. Engi. Perfor. , 20, 1457-1466, 2011)
(a)2m/s; (b)3m/s; (c)4m/s。

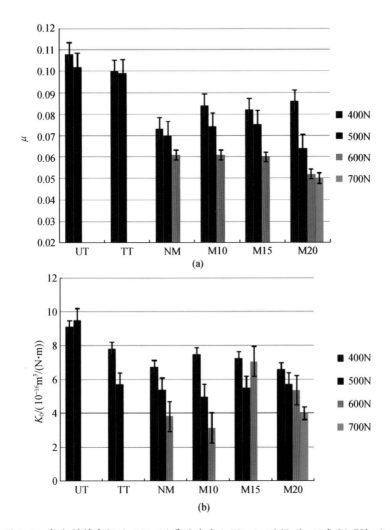

图 3.6　复合材料在极端工况下(滑动速度 1.72m/s,时间 4h,距离 24.72km)
摩擦学特性随载荷的变化关系

(摘自:Kadiyala, A. K. and Bijwe, J., *Wear*, 301, 802–809, 2013)

(a)摩擦系数;(b)磨损率。其中 UT(与未经处理的 GrF 复合);TT(与处理的 GrF 复合);
NM(与处理的 GrF 复合,顶部三层为 2% 纳米级和 8% 微米级 h-BN 的混合物);
M10(与处理的 GrF 复合,顶部三层为 10% 微米级 h-BN);M15(与处理的 GrF 复合,
顶部三层为 15% 微米级 h-BN);M20(与处理的 GrF 复合,顶部三层为 20% 微米级 h-BN)。

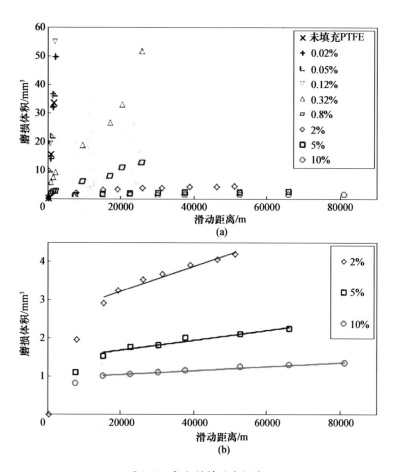

图3.9 复合材料的磨损量

（摘自：Kandanur, S. S. et al, Carbon, 50,3178－3183, 2012）

(a)未填充PTFE和不同质量分数含量(%)石墨烯填充PTFE的磨损量与滑动距离的关系；
(b)石墨烯填充量为2%、5%和10%时复合材料的磨损率（其中，
每一种复合材料的稳态性能都由一条趋势线表示，其斜率用来计算复合材料的稳态磨损率；磨损体积
测量的不确定度为±0.05mm^3）。

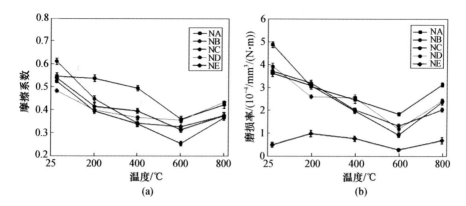

图 4.1　NMSC 复合材料随温度变化的摩擦学性能

(摘自:Shi, X. et al., Mater. Des., 55, 75-84, 2014)

(a)摩擦系数;(b)磨损率。(其中,NA:Ni_3Al+0% WAh+0% TiC,NB:Ni_3Al+10% WAh+0% TiC,NC:Ni_3Al+10% WAh+0% TiC,ND:Ni_3Al+20% WAh+0% TiC,NE:Ni_3Al+15% WAh+5% TiC)

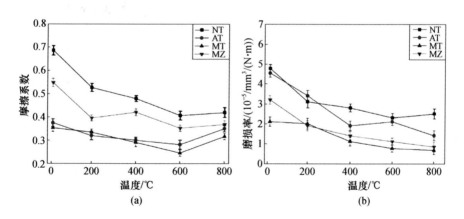

图 4.2　试样随温度变化的摩擦学性能

(摘自:Yao, J. et al., J. Mater. Engi. Perform., 24, 280-295, 2015)

(a)摩擦系数;(b)磨损率。

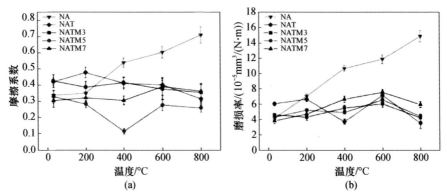

图4.5 复合材料 NA、NAT、NATM3、NATM5 和 NATM7 的
摩擦学性能随温度的变化情况
(摘自:Shi, X. et al., *Mater. Des.*, 55,93-103, 2014)
(a)摩擦系数;(b)磨损率。

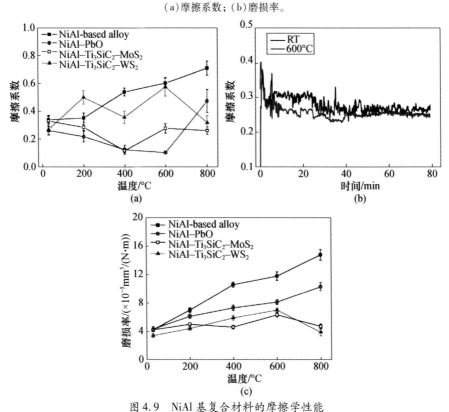

图4.9 NiAl 基复合材料的摩擦学性能
(摘自:Shi, X. et al., *Wear*, 310, 1-11, 2014)
(a)摩擦系数;(b)NiAl-Ti_3SiC_2-MoS_2 的摩擦系数;(c)磨损率。

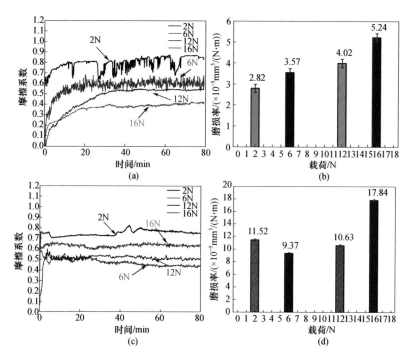

图 4.11 复合材料与 Si_3N_4 球对摩时不同载荷下的摩擦学性能

(a)NSMG 的摩擦系数;(b)NSMG 的磨损率;

(c)NiAl 基合金的摩擦系数;(d)NiAl 基合金的磨损率。

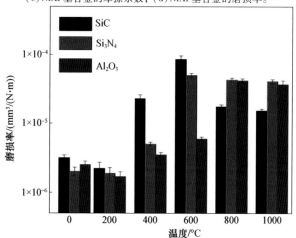

图 4.32 ZrO_2-MoS_2-CaF_2 复合材料在不同温度下磨损率的变化

(在 10N 的施加载荷和 0.2m/s 的滑动速度下与 SiC 陶瓷球进行对摩)

(摘自:Kong, L. et al., *Tribo. Inter.*, 64, 53-62, 2013)

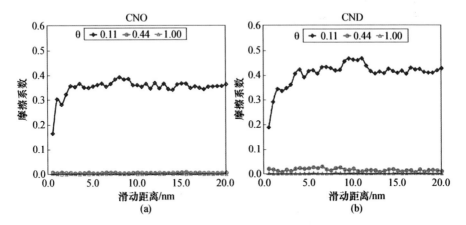

图 5.11 法向荷载 1GPa,滑动速度 10m/s 时,碳颗粒覆盖率对摩擦系数的影响
(摘自:Ewen, J. P. et al., *Tribol. Lett.*, 63, 38, 2016)

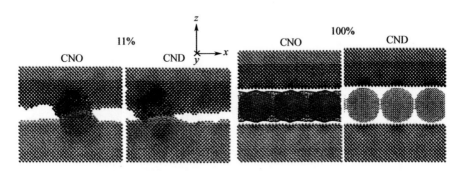

图 5.12 法向荷载 1GPa,滑动速度 10m/s 时,滑动 10mm 后 11% 和 100% 碳颗粒
覆盖率的模拟图像(摘自:Ewen, J. P. et al., *Tribol. Lett.*, 63, 38, 2016)